从煎蛋开始

改变生活的48项技能

（加）亚历山德拉·雷德格雷夫
（美）塞巴斯蒂安·考夫曼 编著

高菲 译

新 星 出 版 社　NEW STAR PRESS

图书在版编目（CIP）数据

从煎蛋开始：改变生活的 48 项技能 /（加）亚历山德拉·雷德格雷夫，（美）塞巴斯蒂安·考夫曼编著；高菲译 .—北京：新星出版社，2017.9
（2017.12 重印）
ISBN 978-7-5133-2627-8

Ⅰ . ①从… Ⅱ . ①亚… ②塞… ③高… Ⅲ . ①家庭生活 – 基本知识 Ⅳ . ① TS976.3

中国版本图书馆 CIP 数据核字 (2017) 第 085919 号

从煎蛋开始：改变生活的 48 项技能

（加）亚历山德拉·雷德格雷夫（美）塞巴斯蒂安·考夫曼 编著 高菲 译

策划编辑： 东　洋
责任编辑： 汪　欣
责任印制： 李珊珊
装帧设计： @broussaille 私制
美术编辑： 42 Studio・Caramel

出版发行： 新星出版社
出 版 人： 马汝军
社　　址： 北京市西城区车公庄大街丙 3 号楼 100044
网　　址： www.newstarpress.com
电　　话： 010-88310888
传　　真： 010-65270449
法律顾问： 北京市大成律师事务所

读者服务： 010-88310811 service@newstarpress.com
邮购地址： 北京市西城区车公庄大街丙 3 号楼 100044

印　　刷： 北京汇瑞嘉合文化发展有限公司
开　　本： 720mm X 1000mm 1/16
印　　张： 15.5
字　　数： 75 千字
版　　次： 2017 年 9 月第一版 2017 年 12 月第二次印刷
书　　号： ISBN 978-7-5133-2627-8
定　　价： 108.00 元

The Kaufmann Mercantile Guide

-

How to Split Wood,
Shuck an Oyster,
and Master Other Simple Pleasures

序

这本书出版前，我经营着一家店铺。而开店之前，2009 年，我在洛杉矶生活，职业是电影制作人，业余时间开始撰写名为"考夫曼商店"（Kaufmann Mercantile）的博客。当时，我身边的一些朋友也分别从电影业转行到家具制造业。亲手制作物品极大地吸引了我，同时我也对物品的保养和维修等方法产生了兴趣。

我在德国长大，那里绿党[1]影响法律政策的制定，已有三十多年的历史。很小的时候我就了解到一次性消费给环境带来的负面后果。对我而言，商品制造商和零售商提供的解决办法，例如使用可回收塑料或绿色环保材料，都不是改善现状的唯一途径。我认为还有其他更简单的办法：自己动手制作，使用天然、可持续的材料，设计容易拆装维修的产品，生产让人舍不得丢弃的高品质商品，或者你可以只购买必需品——精心制作的手工产品。

当时并没有真正关注产品品质的商店，于是我决定自己创建一家。如今，以给零售业设立新的、更高的标准为目标，考夫曼商店在全球范围内搜寻最好的产品和制造商。我们对每一件商品都进行了深入的研究，并与每一位制作者面对面直接沟通，提供产品最全面细致的信息。从公司创建初始，我们便被对高品质物品的喜爱、制作更好工具和产品的使命感（或者说是一种执念）激励着，这些商品将真正被应用、丰富我们每天的生活。自从我发布第一篇博客文章——关于艾斯特文（Estwing）锤子，它诞生于二十世纪三十年代，是美国制造的可靠产品——之后，我们的编辑平台便同商店一齐成了消费者的重要信息渠道，提供近乎全面的内容。从使用方法、产品材料的历史到先锋设计师和制作商的资料应有尽有。

现在我们非常激动地要在本书中和大家分享新的发现和想法。我谨代表个人对编辑亚历山德拉·雷德格雷夫（Alexandra Redgrave）和杰西卡·亨得利（Jessica Hundley）为这本出色的书所做出的贡献表示感谢。希望您喜欢这本书，并从中受益。我十分期待收到您的来信——分享这本书为您自己制作、修理物品所带来的灵感启发。

1　由保护环境的非政府组织发展而来的政党。绿党提出生态优先、非暴力、基层民主等政治主张，积极参政议政，开展环境保护活动，对全球的环境保护运动具有积极的推动作用。——译注

塞巴斯蒂安·考夫曼

sebastian@kaufmann-mercantile.com

说明

编写本书是出于一种好奇心：我们可以如何建立、维护并精心雕琢身边的世界？我们发现将简单的事情做好也是一门艺术，比如按季节种植花草，以及保养铁制器皿等。这些都需要周全的考量和创造性——着手去做，并深入细节去研究。也许你会把事情做得一团糟，甚至可能完全搞砸，但却能享受到那份自己动手的无与伦比的满足感。

为了引导和启发各位读者，我们走访了许多专家及爱好者，他们要么是对某项技艺倾注了毕生精力，要么是日复一日从事着那些我们往往不会亲自动手的单调工作并乐在其中。我们也寻找到了一些工具，不仅可以帮助我们完成工作，还充满了使用乐趣。

书中提及的这些方法，给了我们掌握生活艺术的机会。其中一些你可能时常会用到，比如怎样煎好鸡蛋或者如何打结实坚固的结，另一些则能帮你开拓出全新的领域。但想要真正掌握渡河的技巧，还需要你去开始第一次野外探险之旅；而只有当自家花园的植物开始生根发芽时，保护植物种类繁衍之心才会油然而生。

如同本书所呈现的，每个人都有其特有的行事方式。我们绝不希望你认为我们所提供的才是唯一的方式。制作出的成品、得到的结果都因人而异，这也正是生活之美的所在。在便捷的当今世界，自己动手制作本身便有极大的价值。愿你能将手中的这本书作为一个开端，像我们一样，从书中获得启发，去实践，去探索，去创造，让每天的生活变得更好。

亚历山德拉·雷德格雷夫

与

杰西卡·亨得利

目录

One Kitchen
厨房篇

Two Outdoors
户外篇

Three Home
居家篇

Four Gardening
园艺篇

Five Grooming
仪容篇

ONE

Kitchen

—

厨房篇

如何

–

保养铸铁平底锅

"假如余生只能用一只锅来烹饪，那么这只锅必须是铸铁锅。（我拥有六只不同尺寸的铸铁锅。）铸铁锅非常高效，经久耐用，而且无论是灶台还是烤箱，在各种场合都能使用。只要在古董商店里看到生锈的旧锅，我便会买回来用烤箱清洁一遍，将铁锈刮掉后继续使用。它们就像全新的一样好用。"

———

迈克尔·鲁尔曼，美食书作者

Michael Ruhlman, cookbook author

锅热时开始烹饪

由于表面能均匀受热，我们只需要一点油便可开始烹饪——而且每次做饭时，食物中都会增加一些铁元素——铸铁平底锅简直就是厨具中的劳模。不过，其材质坚硬，无法进行自我保养，正如你的爱犬不会自己把食盆收拾整洁。因此，下面便提供些保养铸铁锅的方法。

Cook
While the Iron
Is Hot

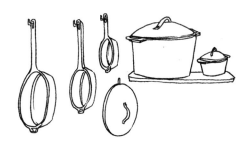

Step 1 · · · · · · ·

不像那些表面顺滑的不粘锅以及其他类似产品使用微火加热即可，铸铁锅需要合适的加热温度。将铸铁锅置于灶台上，调至中火，3~5 分钟后，锅加热通透。然后放入炒菜油或猪油，再加入食材一并烹调。

Step 2 · · · · · · ·

有一种情况是，用铸铁锅烹饪肉类的时候，会出现刺鼻的气味。这可能是锅太热或者之前没有清洗干净造成的。（如果之前没有完全将动物脂肪和食物残渣清理掉，就会造成干锅并产生浓烟。）为防止你的厨房闻起来像烤焦的培根，最好在烹饪时选择中火，食物出锅之后，立即将锅置于流动的热水中冲洗。（冷水可能会造成锅体破裂或损伤，因为铸铁锅外部比内部温度降低速度快。）热水可以将大部分的食物残渣以及油脂自然去除。

Step 3 · · · · · · · ·

如果仍有部分食物残留，可以加入半杯粗盐，再用海绵擦拭干净。粗盐的质地可以让你不必顾忌损伤锅体(使用时自然形成的不粘层，会构成表面光滑的保护膜)，自然地去除过量的油脂和食物残渣。你也可以用硬毛刷子将食物残渣清理掉，然后再用热水清洗锅体。完全不需要用洗洁精！事实上，一点点皂类洗洁剂就可以彻底摧毁你一直以来努力使锅形成的保护膜。

如何干燥 · · · · · · · ·

有时候你可能希望让这些铁质厨具重现光泽。尤其是当其内部黏着食物或者一整夜都浸泡在水槽里时，锅会看起来十分污浊。(重新清洁干燥前，可以用钢丝球去除部分铁锈。)

打磨擦拭锅体，完全晾干，然后在外侧和内部表面涂上一层薄薄的亚麻籽油、融化的起酥油或者植物油。(如果选择易氧化的油类，比如橄榄油，则会造成烟雾。)

在烤箱底部铺层铝箔纸用来接住油滴，然后将铸铁锅置入烤箱内，调至 400 华氏度，加热一小时。加热完成后静置冷却(冷却过程中保持烤箱封闭状态)。

如果你愿意，每次清洗完铁锅后都可以重复此干燥过程。

亚麻生活

亚麻籽油是出色的天然密封剂，所以用于铸铁锅的养护非常理想。亚麻会产生一种"干燥油"，形成强韧的保护膜。然而这并不意味着在蒸发干燥的过程中会使水分丧失（所以"干燥油"这一表述并不完全恰当），干燥的过程是通过化学聚合作用发生的。与此类似，另外一种非食用亚麻油，常用于生产画家使用的高品质颜料，可在画布上彻底干燥并呈现自然光泽，木匠也常用其为作品上光。

-

Natural-Bristle Pot Scrubber

天然硬毛锅刷

-

取自新鲜龙舌兰叶、墨西哥棕丝纤维（像图中这只硬毛刷用的）的成分可有效应对合成化工品、碱性及酸性物质和高温等问题。一直以来，印第安人将这种纤维用于制作坚固耐用的绳子和毯子。用青铜线将这些纤维编在一起，最后加以极其坚固的桦木手柄，这个简单的小刷子就可以在聚会和家庭晚餐后迅速有效地完成所有餐具的清洁工作。

手工开蚝

"开蚝属于那种并非每天都会用到的隐形技能之一，每当你不费吹灰之力地打开一只生蚝时，你便会默默地深感自豪。我可以想象海明威一边叼着雪茄，一边挽起袖管，手持蚝刀，在法式露台上伴着夕阳撬开一打生蚝的模样。能干的人都会手工开蚝！更何况在厨房中为亲朋好友开蚝可比站在餐厅里摆盘有趣多了。生蚝用一种绝妙的方式将人们聚合在一起。"

——

克里斯·谢尔曼，克里克岛生蚝公司

Chris Sherman, Island Creek Oysters

无须撬开

和新英格兰龙虾一样，在很长一段时间里，生蚝曾是工薪阶层的食品，后来才逐渐成为昂贵的食材。由于营养高成本低，生蚝一度风靡大街小巷，直到二十世纪初这一状况才发生转变。人们对生蚝催情作用的印象，可能源于希腊神话中的阿芙洛狄特，这位爱与美的女神脚踏蚝壳自海中诞生。而事实上，生蚝富含锌元素，缺锌则是导致阳痿的原因之一——尽管几乎没有科学证据支持生蚝会增强性欲这种荒谬的说法。不管怎样，一旦你熟练掌握处理生蚝的方法，这种美味食材就会让你的餐桌与众不同。

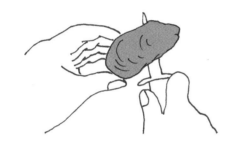

启壳方法·········

　　选择使用坚固的尖头刀（俗称蚝刀），将刀片楔入两片蚝壳之间（尽量让刀锋远离自己），在衔接缝上方三分之一处便是蚝肉所在的位置。轻轻地旋转几下刀片，直到感觉到蚝壳有裂开的声音，然后将刀顺着上面的壳划开，蚝肉则与下面的壳连在一起。餐厅负责开蚝的工人就用这种方法——他们还会戴上保护手套防止被划伤。

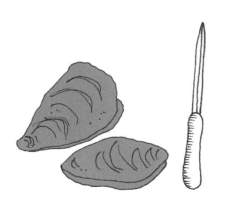

棒棒糖剥壳法或衔接缝剥壳法·········

　　将蚝刀深入至壳的衔接缝处，轻轻地上下转动刀片直到听到缝隙处开裂的声音。尽管刀深入蚝中，但是壳目前仍是闭合的。用刀片将蚝肉和上壳剥离，然后再在下壳上重复此动作。重点是最后在壳中做一个"费城翻转"——

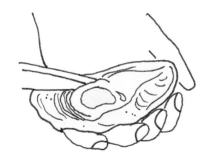

将蚝肉在壳中翻个个儿（此时生蚝仍是闭合状态），让光滑饱满的一面朝上；另外要手持曲度较深的壳面，用蚝刀向下剥开，这样一来就可避免开蚝过程中汁水溢到外面。（为何要取名"费城翻转"？因为到十九世纪末期，这个城市已经有近四百家生蚝餐厅。）这种开蚝的方法也可以用来检查是否有剥落的碎片不慎掉入已经处理完毕的蚝肉中。

Shuck an Oyster

蚝壳

那些剥剩下的壳要怎么处理呢？在车道上将它们碾碎，为家院营造出一种科德角风情；把蚝壳磨碎掺在鸡食中，可以增强孵出的蛋外壳的硬度；或者也可以撒在地里以增加土质中的钙含量。许多地方会将蚝壳再利用于培育和修复蚝床。这些蚝壳还可以用来制作一种叫"虎斑"的建筑材料。这种材料通常用于房屋、露台和车道的建设。

优联生蚝餐厅独创剥壳法·······

　　将蚝刀伸进壳中，刀尖触到衔接缝的同时翻转生蚝，使刀柄竖直指向桌面。用刀柄敲击石头或者其他坚硬的表面直到刀片将衔接缝处顶开。分开上下蚝壳，将与上壳连着的蚝肉剥落，整块蚝肉存放在下壳中。这样呈送给食客大快朵颐时，生蚝依旧是鲜活的。优联餐厅（Union）的员工很清楚自己在做什么，所以他们开蚝的时候都佩戴着厚手套防护。（这间位于波士顿的餐厅 1827 年开业，是如今仍在营业的全美最老的餐厅。）

TOOL OF THE TRADE

-

Curved-Tip Oyster Knife

弯头蚝刀

—

人们常误认为刀片较钝的蚝刀更安全一些。实际上，钝刀需要人花更大力气才能插入蚝壳的衔接缝，这样一来，钝刀的危险性就比锋利的刀更大。你需要一个刀片坚硬，能在剥壳过程中更多利用杠杆原理轻松操作的蚝刀。比如上图的这种，自 1854 年开始生产，源自新英格兰的手工蚝刀，用料均来自美国。

开香槟

"在任何场合，开瓶香槟都会增加庆祝的气氛。据说用刀开香槟的技巧源自拿破仑·波拿巴时代，士兵会在庆祝胜利时用军刀砍去香槟瓶子的木塞。这样开香槟需要一些外力因素，有点危险，当然，更需要足够的自信心。不锈钢香槟刀闪闪发光，香槟的气泡，以及香槟杯折射出的光芒都将这种气氛烘托得更加美妙。"

——

贝姬·苏·爱泼斯坦，美酒专栏作家

Becky Sue Epstein, wine author

砍去它的头!

尽管砍去香槟木塞看起来更像是职业海盗的炫技表演，不过一些小细节可以使你的开瓶技巧更加专业。最好到户外去练习开瓶技术，那里空间广阔。如果感觉自己手腕没有力气，可以雇些开瓶的专家来帮你，在正式开香槟前还可以用廉价的香槟进行一些实操训练。因为即使是拿破仑也不得不承认，比起笨拙而糟糕的开瓶技术，更加可怕的恐怕是浪费了一瓶上好的香槟。

历史一瞬

用开香槟引燃庆祝仪式有着悠久的历史。自十五世纪末开始，法国君王都会在兰斯市举行加冕仪式，这里也是香槟产区阿登的核心位置。加冕前后人们都会举行庆祝活动，而庆祝期间，这款著名的起泡酒便可以自由流通。根据当时流行的说法，香槟的盛行也激发了拿破仑时代一部分人酒后胡作非为的胆量。1814 年，艰苦的兰斯战役后，凯旋的骑士们口渴难耐，抓起香槟，放在战马的头顶，用马刀将香槟瓶切开，让酒中的气泡不断在空气中四散。士兵坐在马上，一边狂饮一边骑行，在身后留下一长串香槟泡沫和尘埃。

Step 1 · · · · · ·

先将香槟冷却。将整瓶香槟浸在冰桶里（瓶身、瓶口均要冷却）或者放在冰箱里 2~4 小时后再取用。冷却瓶身可以确保玻璃变脆易碎，也让酒液本身产生尽量多的碳酸气泡。冷却后再开启可以防止过多的香槟从瓶口溢出。如果是在相对温暖的室内温度下或者香槟瓶温热时开启，还有可能会导致瓶身炸裂。

Step 2 · · · · · ·

揭开包裹在瓶口的锡箔纸，除去封存用的铁丝网套，使酒瓶颈部全部露出。

Step 3 · · · · · ·

找到瓶身接缝处与瓶唇交汇的位置，这里是瓶子最易碎的部位，也是你需要用力敲击的地方。用香槟刀连续在这个位置砍几下，但注

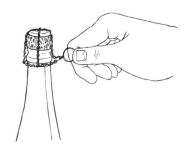

意不要碰到瓶唇。（香槟刀并不会破坏瓶身：在开启一个裂口后，内部的压力会冲破已经变脆的瓶身开瓶，这样碎裂的玻璃也可以干净地分离出去。）

Saber a Champagne Bottle

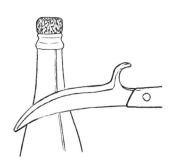

Step 4 ········

一手托住瓶身（不是瓶颈）与地面呈 45 度角，刀面向外紧贴瓶身，刀锋朝向瓶唇。用和甩上门一样的力气果断、快速地滑动刀不断冲击木塞。这个动作可以将木塞顶出瓶口。要注意确保开瓶过程中，手远离瓶颈，只用刀面触碰。

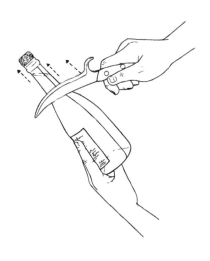

Step 5 ········

将瓶身保持 45 度角放置几秒，这样打开瓶子的瞬间，丰富的碳酸泡沫可以将细碎的玻璃片一并喷出——当然也可以增加开香槟过程的戏剧效果。然后就可以将香槟倒入杯中，开始狂欢了！

-

Italian Stainless Steel Champagne Knife

意大利不锈钢香槟刀

—

这款小刀是专门为开香槟瓶而设计制作的。你需要一把平衡感极好的刀具，因为你将一手持瓶，一手拿刀准备开瓶——刀片不宜过长或过钝。这款刀诞生于 1912 年，由意大利家族企业制造，刀尖向上翘起，刀片以高级不锈钢打造，并有一个保护手指的弧度设计。

制作热苹果酒

"大自然是慷慨的。它所提供的良药，制作方法都不复杂。土地赐予我们素材，凭借双手一分一秒、全心全意地制作良药的过程本身便是一种治愈。而之后，分享劳动果实并见证你所珍视的人恢复健康活力，更是生命中最大的收获之一。"

——

索菲亚·罗斯，阿贝哈香料商店

Sophia Rose, La Abeja Herbs

（特别）热饮

第一次喝热苹果酒时差不多应该是这样子吧：面部抽搐，不断摇头，一口吞下去。你会瞬间感到一股强劲的冲击：这是什么神奇的饮品？作为传统的抗感冒健康饮品，**热苹果酒**有着抗病毒、抗炎症、增强免疫力、缓解鼻塞以及助消化等功效。不过味觉敏感以及胆小的人在如此强效治愈的饮品前，还是量力而行的好。流行性感冒盛行的季节，每天喝一勺热苹果酒可以帮助预防疾病；如果出现感冒初期症状，则每隔三四个小时就喝 3~4 勺，直到症状缓解。

热苹果酒的名字就暗示了其中的用料："热"指的是山葵、姜、墨西哥胡椒以及姜黄粉；"苹果酒"则意味着由苹果醋萃取而成。根据当前季节，你也可以添加橘子皮或者一些新鲜的香料，比如迷迭香或者百里香。热苹果酒的做法其实有很多种，上述只是常见的一种。无论之后你选用何种原料、如何调制，有机食材永远是我们所推荐使用的。

原料	
1	夸脱苹果醋
1/2	杯新鲜磨碎的姜
1/2	杯新鲜磨碎的山葵根
1	个中等大小的洋葱（剁碎）
10	瓣蒜（捣碎或者剁碎均可）
2	个墨西哥胡椒（剁碎）
1	颗柠檬（挤出些柠檬汁备用）
1	勺姜黄粉
1/4	茶匙辣椒粉
2	勺干迷迭香叶或者几枝新鲜的迷迭香
1/2	杯蜂蜜（调味用）

Step 1 ·······

将所有准备的原料放在容积为一夸脱的罐子里混合（除蜂蜜以外）。在罐子盖的内侧附上一层羊皮纸或者蜡纸，以防醋接触到金属造成腐蚀。

Step 2 ·······

将罐子放置在阴凉的地方静置一个月。记得每天都要晃动罐子。（民间方子上说，将罐子埋在地下，这样就可以保持恒温并且有助于食材之后的发酵过程。待到取出之日，制作出的热苹果酒会风味更佳。）

Step 3 ·········

一个月之后，将酒倒入另一个干净的罐子中。用粗棉布包裹浸泡的食材进行过滤，用力拉紧棉布，拧出尽量多的酒液。

Step 4 ·········

加入四分之一杯蜂蜜并搅拌均匀，然后再次加入四分之一的量，尝一下味道。最好是食材混合沉淀时间足够久之后再加入蜂蜜。不然

蜂蜜中蕴含的抗菌成分会将其中的有益菌过早杀死，而且天然的糖分还会将口味变重，使之最后成为酒精度过高的饮品。

Step 5 ·········

用热苹果酒缓解鼻塞，只需将其加入一碗热气腾腾的开水中，然后把毛巾覆盖在脸上，对着碗深呼吸。如此，便会感觉好多了。

Make Fire Cider

保存香料

　　"通常来说，一道菜只需加入一两勺香料调味，比如罗勒或者迷迭香。不过当你将其切碎使用时，依旧会剩下不少，必须尽快使用完毕。由于我和我的合伙人共同经营香料种植园，我会不断尝试开发香料新的使用途径：将香料和橄榄油混合，或者与意式香醋一齐为沙拉调味；将干燥后的香料加入自家烘焙的面包中，或者撒在软奶酪上食用，比如撒在新鲜的山羊奶酪上就是不错的选择。"

———

泰勒·马蒂斯·卡茨，弗里沃斯香料种植农场

Taylor Mardis Katz, Free Verse Farm

现切，现存

不同品种的香草保存方法也不尽相同，以下是最常见的三种。

静置水中·····························

当保存含有较多水分的香料时——比如韭黄、欧芹或香菜，你的处理方法最好就像对待花束一样：

修剪根茎，静置于水瓶中，既可放在厨房操作台上（假如一两天内你便会使用），也可保存于冰箱中（如果你希望延长其保存时间）。如果采取后一种方法，需谨记每日换水。

用油浸泡·····························

将新鲜香草置于油中保存的方法是，将一两根新鲜的迷迭香或任何其他耐寒性香草，放入装有橄榄油的细高瓶中。

将此瓶放入冰箱中保存，四天之内食用，可用做沙拉调味或者直接洒在烤蔬菜上。

另外也可选择将香料切碎后铺在制冰盒里，倒入橄榄油直至格子满溢，储存在冰箱冷冻室。

橄榄油可以防止褐变、减少冻斑，这样解冻后食用，香草风味依然保存完好。

切好后干燥

将已经处理完毕的干燥香草加入任何食材中，都可以为其增添风味。将其混在奶油奶酪里；或者在晚餐时，取一块新鲜的山羊奶酪铺上一些切碎的香料放在盘中；还可以将其涂抹在面包上。这其中最经典的是香料和黄油的混搭——两种食材相互辉映，简直是天生绝配。

以下是常见的香草黄油制作方法：

1. 将黄油放在厨房台面上半天左右，待其变软。

2. 将黄油放在一个小碗中，加入干燥后的香料，不断搅拌直到二者均匀地混在一起。

3. 为了保存香草黄油以供之后食用，可取一个小碟在上面铺一层羊皮纸。盛2~4勺黄油铺在纸上，使其形成一个圆形（小碟用作模具）。再用另一张羊皮纸把黄油覆盖上，边角折好，用胶带或者绳子捆好固定。

4. 将黄油小碟置于密闭容器中，放在冰箱冷冻室中储存。

你可以随时取用。切一块招待来访的亲朋好友，他们会对这道美味印象深刻。

通风干燥·········

如果是处理细长根茎种类的香草，例如百里香或者牛至叶，最好的方法便是通风干燥。将香草叶铺在餐盘中，静置在灶台上一两天，关火加热。炉盘辐射出的热量，会缓慢地将香草烘干，同时又可防止细嫩根茎被烤焦。记得要每天翻动一两回，这样可使香草叶均匀地烘干。（这个方法也适用于放在烤箱中加热干燥的香草——只是千万别忘记它们还在里面！）当干燥完成后，剥去茎上的杂叶，然后存放于壁橱中的小型密闭容器里，避免阳光直射。你会发现自己亲手烘制的香草比商店购买的那些更绿、更美味。

Preserve Fresh Herbs

保养厨房刀具

"烹饪是一门艺术也是一门手艺。正如所有的匠人一样，你必须定期保养手上的工具。购买质量上乘的刀具（三把便足够了），用它认真料理食材，爱它、精心对待它，把刀具当作家庭中的一员。这样，烹饪和准备食材的过程将令你获得由衷的愉悦。没有什么比用刀完美地处理一整袋洋葱、将其切片待用更让人开心的了。"

——

汤姆·麦兰，屠夫、作家
Tom Mylan, butcher and author

保持锋利

大厨箴言之一便是："刀是自我的延伸。"用巧劲儿切 T 骨牛排、砍椰子，或是优雅从容地切白吐司，根据不同工作的需要，选择合适的刀具会事半功倍。

磨刀‧‧‧‧‧‧‧

每次用刀切割食物，刀刃都会生产细微的磨损，还可能有细碎的食物残渣留下，这些都会让刀逐渐变钝。理想来说，每次用完刀都应该打磨。许多刀具套装都会配有一根金属棒——由这把刀所用的同种钢材制成（时常会被误认为磨刀石）。

1. 将金属棒单手握紧或者半悬空地平放于操作台上，尖端远离自己。

2. 将刀的底部（离手柄最近的位置）与金属棒切面相抵，慢慢向下滑动，刀面始终与金属棒呈 22 度角。动作结束时，整片刀面均匀从金属棒上滑过。

3. 重复第二条所述动作 8~10 次。

4. 用干净柔软的毛巾将细碎金属颗粒擦拭掉。

打磨锋利‧‧‧‧‧‧‧

变钝的刀片会对食材造成影响。锋利的刀可以更精确、有效地切割食物。(用刀裁一张纸，

可以检测刀是否锋利。）如果是每天都使用的刀，一年精心打磨一两次即可。

1. 把研磨粉末放在磨刀石上，将磨刀石放置在安全稳固、不光滑的表面上。

2. 一手持刀，握紧手柄，一手按住刀锋，与磨刀石接触，二者形成 22 度角。

3. 稍稍用力，轻轻将刀面通过磨刀石向前滑动，确保整片刀面均匀擦过磨刀石，并且始终保持 22 度角。

4. 刀片每面重复 10 次该动作。

5. 将磨刀石翻转到平滑面，再次重复上述动作，刀片每面各 10 次左右。

6. 用刀具配套的金属棒打磨刀面，冲水，擦干，去掉打磨过程中出现的金属颗粒。

Care for Kitchen Knives

最完美的切割·······

不管使用何种类型的刀具，以下是使用时的注意事项：

·只可在木质、竹质或者塑料表面上进行切割。玻璃、花岗岩或者瓷器等材料都会损伤刀面。

·用刀时尽量采取切和片的动作，避免使劲剁，否则刀也容易变钝。

·用刀背而不是用刀锋将切好的食材从案板移入盘中。

制作红酒醋

"红酒醋是香醋中最基本的一种,不过它同样可使调味酱汁呈现上佳风味,还可以当底料腌制食物。首次尝试自己制作红酒醋时,我和夫人进行了一次盲品:把我的处女作和一些存放在橱柜中的超市货品进行了对比。我做的红酒醋香气浓郁,色泽纯正如红宝石一般,入口滋味更是无与伦比;超市货则瞬间失去了光彩。从此我便再也不购买成品红酒醋了。只要储存条件允许,酿制红酒醋会是一件最省力也最令人有成就感的事情。"

——

德里克·施耐德,美食作家、程序员

Derrick Schneider, food writer and experimenter

醋母，用量和配比

　　醋的制作是一项基础科学。在含氧环境中，红酒中的醋酸杆菌充分和酒精结合，并转化成乙酸。酸加上酒中的水分，创造出了醋。理论上说，所有开盖晾置的红酒都可以最终转化为醋。但是实际生活中，很少有这种情况发生（毕竟红酒制造商也会用尽各种方法防止这种现象的发生）。不过可以找到一种叫作醋母的东西加到红酒中，帮助我们实现制作红酒醋的目的。可以向制作红酒醋的朋友要一些醋母，或直接从红酒商、啤酒商那儿购买一些，比如 oakbarrel 线上商店。要知道，所有商店中出售的醋都是经过巴氏消毒的，很多醋酸杆菌在制作过程中就已经被杀灭，因而它们的性质变得十分不稳定，并不适合作为醋母。

Make Red Wine Vinegar

开始制作 · · · · · · · ·

　　找到醋母后，把它们加入喝剩的红酒中或是直接买瓶 10 美元左右的餐酒。（总的来说红酒几乎不含亚硫酸盐，所以制成醋的周期一般比用白葡萄酒要久一些。）醋酸杆菌需要氧气，不过这倒不难。盛醋的容器——如果不希望它们在桶中挥发掉的话，就使用大玻璃缸来装——保持与空气接触，在表面附上一块透气的粗棉布以便隔绝蚊虫。

　　定期摇晃容器，使其中的醋充分转化。（尽量每天摇晃一次，懒点就一周一次也行。）这

红酒醋的不同用途

酒酸（vin aigre，源自法语，意为"酸红酒"）是万物慢慢发酵后的产物，从葡萄到甜菜，麦芽到谷物，苹果到蜂蜜，这些都可以用来生产非常棒的醋。

韩国辣白菜、德国酸菜、犹太腌菜在全球众多用醋做底料腌制的食物中只是沧海一粟。万能的醋，其作用并非就止于做调味品。

苹果醋中的酸是天然的治病良药，特别是有排毒之效；而这些酸性成分也使醋在清洁房屋、溶解肥皂、去除污渍以及疏通排水管（和小苏打混合）等日常家务中发挥着重要的作用。

在黑死病盛行的年代，小偷在偷取死者的东西时，会将醋涂在手上以防止感染病菌。美国南北战争时期，醋则被用于伤口杀菌。罗马军团的士兵上战场前都会喝一杯醋。船员在长途航行中会用醋来保存食物、擦拭甲板。埃及艳后曾打赌说即使一顿简单的饭菜她也能消耗巨额财富，然后用醋溶解了一颗珍珠并喝了下去——暗示了这种酸性灵丹妙药的价值。

样做可以使液体表面的氧含量增加。如果能持续不停摇晃容器，只需要一天就可以做出红酒醋了。

用量和比例 ·········

醋酸杆菌同样需要养料。虽然它们可以在酒精中大快朵颐，但是太多酒精就会将其全部杀死。不同种类醋酸杆菌的耐受度不同，但千万不要让酒精量超过总容量的10%。这样计算比较容易：安全起见，先将酒精含量比率入一位取整。将这个数字乘以10，减1。最终的结果就是加入醋前，需在红酒中加入的水的比率。

举例来说，将14.5%的酒精量约等于15%。15%乘以10等于150%。150%减1等于50%。因此，要将750毫升酒精含量14.5%的红酒整体稀释到酒精含量10%，则需要加入375毫升的水。这个过程中不需要将酒和水倒入容器中测量，只需要用肉眼测量、不要加入太多的水即可。

需要注意的是，酒精含量和醋酸含量大体上是对应的。一份酒精度10%的红酒，可能会做出非常酸的醋。也就是说，不要盲目地按照制作说明加入原料，最好根据个人口味操作。

最终成品 ·········

怎么确认制作完成呢？在制作过程中不断

去闻,当气味越来越像红酒醋而不是洗甲水时,便是制作成功了。一般六周左右的酿制时间足矣,虽然有时这个过程也可能持续两个月。将三分之一左右的成品留在容器中,加入红酒可以进行再次发酵。所有自制红酒醋的人都有自己的保存方法。

　　有些人将其装入瓶子中,有些人会将其过滤或者用巴氏消毒法处理。我们则在瓶口处覆上一块粗棉布,然后放在阴凉处六个月,待其成熟芬芳。

冲泡咖啡

"我很享受这一过程：经历采购、烘焙、调制的层层挑战，最终制作出一杯香醇的咖啡。其中最重要的一点便是挑选质量上乘的咖啡豆。可以尝试从烘焙师那里购买遵循国际公平交易标准，并且可追溯到原产地的咖啡豆。我总是让本地的咖啡店或者烘焙师推荐两款不同风味的咖啡同时品尝。比对分析两款咖啡，不断练习分辨其中微妙的差别。你会惊讶地发现自己的味觉灵敏度迅速提高。"

——

兰斯·施诺伦伯格，阁楼咖啡店烘焙师
Lance Schnorenberg, Lofted Coffee Roasters

醒来后的美妙时刻

单凭咖啡的香味便可以让人从宿醉中迅速清醒过来。咖啡因是目前最有效的振奋精神、令大脑清醒的成分，每天早上冲泡一杯浓香馥郁的咖啡能让人静下心来。开始一整天紧张的工作前，尽情享受十五分钟咖啡所带来的美妙而安静的时光。

以下是两种最常见的调制咖啡的方法：过滤和冷萃。

过滤 · · · · · · · ·

过滤法可以最大限度地控制少量咖啡的制作过程，也是最完美的制作方式。有很多品牌都生产滤杯等辅助工具，包括 Hario V60（供有经验的咖啡师使用），Chemex（可同时制作多杯咖啡），以及 Walkure（设计咖的挚爱）。即使选择尺寸不同的容器，过滤过程大体上是差不多的。需要说明的是，以下操作步骤是针对陶瓷滤杯的。

1. 咖啡豆的用量取决于你想冲泡出的咖啡的量和浓度。制作 1~2 杯中度烘焙的咖啡，舀 4 勺咖啡豆即可。

2. 将咖啡豆研磨成中等大小的颗粒，和海盐的颗粒大小差不多。

3. 将 2 号或者 4 号大小的滤纸放在滤杯中，用热水将纸浸湿。这样做有两点好处：首先是可以将滤纸中的粉尘和其他杂质去除；其

次是可以使滤杯内侧变热，让其在冲泡过程中更好地保温。

4. 磨好的咖啡粉倒入滤杯中，将马克杯放在滤杯下，用以接住滤出的咖啡。

5. 烧开水，关火，等待 30 秒，让沸腾的水逐渐静止。

6. 将计时器设定为 3 分钟（如果冲泡时间超过 3 分钟，咖啡会变得相对苦涩）。向滤杯中倒入一点水（刚好没过咖啡粉即可），水柱尽量靠近咖啡粉表面，这样可以减少飞粉，保持冲泡过程中的温度。等待 30 秒，让咖啡充分浸泡过滤，亦可称此过程为"盛放"。

7. 重复此动作，轻柔、快速、均匀地画着圈加水。每次加水后等待一会儿，待该部分咖啡充分过滤后再继续加水。

8. 3 分钟时间到，移开过滤杯，一杯香醇的咖啡就制作完成啦。

冷萃 · · · · · · ·

冷萃是指使用冷水或常温的水来萃取咖啡的方法。冷萃过程中，咖啡产生糖分，酸度降低——十分适合胃部敏感的人士饮用。正确的冷萃，大约需要12~24小时的萃取时间。现在比较流行的方法是采用一种陶迪冷萃系统（Toddy Cold Brew System），它由化学工程师托德·史密斯[1]（Todd Smith）于1964年发明。不过还有一些更简单的冷萃方法，包括法压法，如下所述：

1．与过滤法一样，咖啡豆的用量取决于法压壶的容量以及你想冲泡出的咖啡的量。我

们建议采取3:1的比例，每三杯水对应一杯咖啡豆。

2．充分研磨咖啡豆，加到法压壶中。

3．倒入冷水，没过咖啡粉即可。

4．用木勺搅拌，确保所有的咖啡粉均匀浸湿。搅拌充分后的咖啡粉非常浓稠，质感像水泥一样。

5．放入冰箱之前，盖上法压壶盖子，但先不要压取。

6．放置约12~24小时后，从冰箱中取出法压壶，用力向下压活塞直至壶底。将制成的咖啡倒在杯中便可以开始享用了。还可以加入冰块或热水（热水和冷萃咖啡的比例约为1:1），做出一杯风味醇香的冰咖啡或热咖啡。

1　根据陶迪咖啡官网（toddycafe.com）的资料，发明者名为托德·辛普森（Todd Simpson），此处可能为误植。——译注

TOOL OF THE TRADE

-

Chemex Coffeemaker

Chemex 咖啡壶

—

这个造型优雅的咖啡壶由德国科学家彼德·舒博姆（Peter J. Schlumbohm）发明于 1941 年。当时他在纽约寻觅风味香醇的咖啡，然而自动售货机以及路边餐厅所提供的咖啡都让他不甚满意，于是最终他制作出了这款耐热硬玻璃材质的过滤壶。使用 Chemex 咖啡壶的时候，需要参照说明书。建议选用中度研磨的咖啡粉以及同品牌的过滤纸。

调制鸡尾酒

"烈酒、苦精和糖是鸡尾酒的三种基础原料, 此外, 还需加入适量的水——慢慢融化的冰块。'古风'鸡尾酒 (Old-fashioned) 是所有鸡尾酒的精髓, 在三种原料的相互作用下调制而成, 也被视为目前在售的鸡尾酒中历史最悠久的一款 (也因此有了这个名字)。由于该款鸡尾酒中的成分最为精简, 准备过程便是重中之重。请调酒师制作这款酒正如请主厨烹饪鸡蛋一样: 看起来最简单, 却绝对是技术活儿。"

——

布兰登·戴维, 调酒师

Brandon Davey, bartender

调和法，摇和法

无论是加入冰块还是冷藏于冰箱中，首先要准备合适的玻璃杯（如果使用专业高脚杯，加入冰块冷却即可，杯柄依旧维持在室温温度，顾客拿着也不会冻手）。

开始调制鸡尾酒。准备两个不同尺寸的不锈钢调酒壶——不要用玻璃的，不仅不顺手，而且非常容易碎。小调酒壶放在离自己较近的位置，大调酒壶放在其后面。将原料加入小调酒壶中，从最便宜的原料开始依次放入（调制过程中放错原料比例需要重来时，加入新的枫糖浆肯定要比重新兑入十年陈酿的威士忌基酒来得划算）。准备摇制时，加冰块到大调酒壶中。这样看得更清楚，也更容易分辨味道。

Shake a Cocktail

摇和法 · · · · · · ·

将两个调酒壶合在一起，确保相互卡住，摇制过程中不会有液体渗出，保持大调酒壶在下。用两根手指控制住摇杯接缝处。对初学者来说，可用另一只手托住大调酒壶底部，加强支撑力。

记住，目标是尽可能地将冰块的温度均匀传递。你需要使劲"叫醒"鸡尾酒，使其在倒出来时充分混合好，呈现一种浑浊状态。迅速用力摇动调酒壶 20 秒左右，不要慢慢轻晃。将调酒壶放在身前或者放在耳边摇动都可以。

保持冷却

一般来说，将水倒入冰盒里，从外受冷后凝成冰块，会有空气被挤到冰中。不过如果将冰盒事先用碎冰填充，再向空隙处填入水，则水会先从内受冷凝结，这样制作出的冰块晶莹剔透，通体没有气泡。只需要在附近便利店买一包碎冰便够用。取一些碎冰或将大块的冰砸碎一点，放到冰盒中，用过滤好的水将冰盒填满。你可以在冰室中放一大块冰备用，在准备制作鸡尾酒前取出，凿出使用量即可。

以手掌用力旋转接缝处，轻轻分开两只调酒壶。移除玻璃杯中的冰块，或直接从冰箱中取出杯子，过程中先不要打开调酒壶，直到一切准备就绪再将鸡尾酒倒入杯中。

倒酒 ·········

通常鸡尾酒量维持在 3.5~4 盎司之间，加水稀释后大约是 5.5~6 盎司左右。这是比较理想的量。

如果想制作一款口感顺滑的软饮，用哈索恩（Hawthorne）过滤器，将倒出的鸡尾酒滤掉大部分冰块，之后再用过滤网（或者任何

小型过滤器）过滤。

这样做可以防止饮品表面产生气泡——不过，很多日本调酒师会特别留着这些气泡。搅拌鸡尾酒时，可以放些糖浆在过滤器里。

调和法 ·········

以传统来说，饮品中含有果汁，必须使用摇和法调酒。但如果鸡尾酒中只有烈酒基底，则可用调和法调制。将空气摇入酒中，丰富的泡沫会在舌尖产生一种美妙的触感。不过马提尼却有点不同，口感顺滑且酒液透明，并且……必须用调和法制作。

全面充分搅拌基酒，保持过程中尽量不产生泡沫。这个过程用时大约是摇和法稀释冰块时间的两倍。一般没有削过的冰需要搅拌 40 秒左右，这样会融化得快一些。

装饰酒杯 ·········

大多数制作精良的饮品都充满芬芳香味。加入一片柠檬或者橘子皮可以调味，也可以用刀雕琢几片放在酒中增加香气。

装饰——放上几片薄荷，或者食用鲜花，比如紫罗兰或者薰衣草——为这份精心制作的鸡尾酒增加美感。还可以点缀下杯口：在杯口抹一层盐和胡椒或者一点点糖和肉桂可为鸡尾酒带来不一样的感觉。

-

Italian Pewter Jigger

意大利锡制量杯

—

用不用量杯？不同品牌量杯在导入基酒速度上不太一样，不同种类的基酒黏稠度本身也不尽相同。举例来说，偏甜的朗姆酒比金酒导出速度慢一些。使用量杯可以节省时间——尤其是双头量杯，可以一次测量并加入半盎司或者 1.5 盎司的量，只需翻转手腕便可轻松办到。图中这款量杯由意大利工匠手工打造，材质是锡，不需要专门保养，长时间使用后还会产生特别的光泽。

煎蛋,炒蛋以及煮蛋

"无论是早餐还是夜宵加餐,一只普通的鸡蛋都可以被烹饪成一道美味佳肴。鸡蛋既可以作为正餐,也可以视为前菜——更不必说它采买便捷、物美价廉,是在任何商店、超市都能购得的新鲜、营养丰富的食材。如何制作一份简单的'鸡蛋宴',可以反映出一位年轻主厨的烹饪技术。熟练掌握其中的技巧后,既可以将鸡蛋与熏三文鱼和海盐碎末放在一起,成为一道美味头盘;也可以把它夹在黄油吐司中,撒上鼠尾草香料碎末食用;又或者做份菠菜炒鸡蛋,再撒一些帕尔马干酪和橄榄油享用。"

——

乔迪·威廉姆斯,布韦特·加斯特罗迪克餐厅

Jody Williams, Buvette Gastrothèque

挑选好鸡蛋

首先要了解鸡蛋的底细。理想来说，鸡蛋最好来自附近的有机农场。打破蛋壳，放入平底铁锅后，新鲜的蛋白会呈现黏稠状，并且不需要模具便能形成自然的圆形，蛋黄落在蛋白上，轮廓清晰。如果蛋白散在锅中，则说明鸡蛋不太新鲜。好的鸡蛋会呈现不同的大小和颜色，生产流水线产出的才都是统一大小的标准鸡蛋。如果打出一枚双黄蛋，那你就真是走运啦！

煎蛋 •┅┅┅┅┅┅┅

选用多大的平底锅取决于煎蛋数量，锅面需要足够容纳这些鸡蛋在其中翻转。一次最好不要使用超过 4 个鸡蛋，放太多的鸡蛋会让烹饪过程变得十分不便。

开火前，先加入煎蛋所需的油脂（橄榄油、培根、黄油等），这样可以根据情况调整烹饪温度，防止锅烧焦。调至中火，油冒泡或发出嗞嗞的声音时，便可以开始烹饪了。你现在肯定感到馋虫上身了吧。

为防止碎蛋壳夹杂在其中，可以把鸡蛋磕在一个可过滤的小模具里。如果是单面煎，蛋白变成不透明状后盖上锅盖再用中低火焖 3 分钟左右。最后，在煎蛋上撒一些碎鼠尾草香料，再移到盘中，开动吧。

炒蛋 •┅┅┅┅┅┅┅

在碗中打三颗鸡蛋，顺着一个方向搅拌。

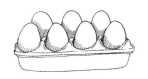

加入鲜奶油、新鲜香草或其他你喜欢的食材。

选用锅壁较高的小锅，差不多 2 英寸高。加入黄油，调至中火。待油融化，发出嗞嗞声，把搅拌均匀的蛋液放入锅中，用木勺翻炒。翻炒，翻炒，继续翻炒——和做意大利饭的方法差不多。用木勺剁几下鸡蛋，继续翻炒。鸡蛋出现小凝乳块、大部分质地均匀但比较松散未完全定形时，关闭燃气，加一点（或大量）黄油搅拌。用余温继续加热食材，直至最终出锅。这样就能做出如奶油般细腻的炒蛋了，除非你更喜欢口感粗糙、卖相干瘪的炒蛋。

Fry, Scramble, and Poach an Egg

剥离蛋白和蛋黄

磕碎鸡蛋，需要拿着蛋用力在锅边或者碗边敲击一下（就一下！）。这样便可以干脆地打碎鸡蛋——多次敲击则有可能出现碎蛋壳。剥离蛋白和蛋黄的方法：在碗缘磕裂鸡蛋，将蛋壳分开一点，以便让蛋白流出，再把蛋黄在两半壳中不断倒换，直到蛋白全部从壳中流出为止。

煮蛋 ‧‧‧‧‧‧‧‧

还是炒蛋用的锅，或换成锅壁约 8 英寸高的（锅越深，鸡蛋受热越均匀）。

在锅中放入容量 3/4 左右的水，能够完全浸没鸡蛋即可，撒些盐和一茶匙白醋（不是为了提升鸡蛋的口感，而是为了帮助鸡蛋成形）。把鸡蛋磕在单独的蛋托中。

水快煮开时，顺时针搅拌蛋白，完整地将蛋黄包裹在其中。每隔 10 秒轻轻放入一个鸡蛋。可以使用漏勺，这样可以滤掉薄薄的一层蛋白膜，煮出紧实的蛋。

　　等待蛋白成形，煮熟。确保水一直是沸腾的状态。大约 3 分钟后，用漏勺盛出鸡蛋，滤掉杂质，开动吧。

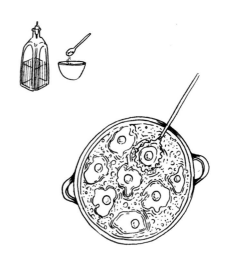

-

English Terra-Cotta Egg Rack

英国陶土鸡蛋架

—

很多厨师倾向使用室温保存的鸡蛋而非冰箱保存的。温室保存的鸡蛋会更迅速地对调料做出反应，更容易膨胀，与其他食材结合度更高（想象一下可口的蛋糕瞬间膨发的样子）。图中的鸡蛋架由英国生产，原料中含有陶土。带有气孔的陶架可以更好地保护鸡蛋，在湿热环境下延缓升温，防止细菌滋生。

腌制和贮存泡菜

"贮存食物之于我，好似每季的庆祝仪式一般，二月份能够品尝到心心念念的番茄简直是一种犒赏。这也是我抵御如今轻率选择廉价食品风气的一个举措。食物的贮存需要花点时间、下些功夫，仲夏夜用精心贮存的蔬菜熬一碗汤，或是早餐时将几个月前熬制的苹果泥厚厚涂抹在华夫饼上，没什么比这更令人幸福、满足了。"

——

凯莉·吉尔里，甜蜜送餐公司

Kelly Geary, Sweet Deliverance

是的，你可以

如果想让水果和蔬菜贮存至冰天雪地的时节，腌制是保留食物风味最重要的手段之一：把它们放在玻璃罐子中，一年四季都可以随时品尝。腌制和贮存需要天然发酵过程辅助，虽然看起来非常简单，但很有可能在此期间食物会发霉，或是滋生有害细菌和病毒。清洗容器的过程中也要格外细心。基本的原则就是保留有益菌，阻止有害细菌侵入。在家制作时如果有不放心的环节，尽量还是不要食用。

无论制作哪种腌菜，一定要选用新鲜的原料。重点是保存其丰富的口感。不要选择那些软绵绵、枯萎发蔫的食材。接下来就准备开工吧。

盐腌还是醋腌？

腌制方法有两种——用盐或醋作为发酵的辅料，这样可缩短腌制周期。如果选择醋，食物的味道会取决于所选用的醋的种类。米醋制出的成品带有淡淡的酸甜味，而使用苹果醋则会伴有醇厚刺激的口感。另一方面，盐卤法能提升风味，干净又简单，并且是由所选蔬菜或水果主导口味。

醋腌的基本方法 ·········

比起发酵，直接放在醋中腌制可以延长保存时间。醋中所含的乙酸可以创造一个理想的环境，阻止微生物滋生。

容器消毒
· · · ·
把干净的毛巾放在开水中浸湿，取出拧干后轻轻擦拭器皿。腌制前将容器和盖子一并在沸水中煮几分钟。

准备食材

清洗后将蔬菜择好——黄瓜是传统而经典的腌制食材，亦可以做些大胆的尝试，放入紫甘蓝或者小洋葱——规整地平铺在容器里。食材的厚度取决于蔬菜的种类，最好控制在每块0.5~1.5英寸左右——再厚的话，成品可能会不太入味儿。越硬的食材，需要的时间越长；气孔越多、渗透力越好的食材，腌制起来越快。选择专门用于腌制的盐备用（碘盐会让腌制的水变浑浊，食物的味道亦无法充分发挥出来）。还要准备好水（最好是蒸馏水或者过滤水）以及任何你喜爱的香料、香草或者其他调味品。

调制腌菜汁

以下是放入食材的基本比例，可根据自己的口味调整用量。

· 4磅蔬菜（种类任选）

· 约3杯醋（苹果醋、米醋、白醋或红酒醋）

· 3杯水

· 1/4杯盐

盐、醋和水混合后倒入炖锅中，调至中火，搅拌直到盐全部溶化，煮沸。

装罐

将香料和调味品置于腌菜罐的底部，留出一部分余量最后铺在顶层。确保罐子的温度和室温相似，或略高一点也可——尽量避免罐身过冷，以防倒入烧开的腌菜汁时，冷热温差过大造成罐身炸裂。放入蔬菜，按压紧实。倒入刚出锅的腌菜汁至距罐口0.5英寸左右的位置。把剩余的香料和调味品撒在上面，盖上盖子，拧紧。

封口

将封好的罐子依次放在炖锅中，加入水，没过罐子盖1英寸左右。加热7~10分钟至沸腾（根据制作者所处位置的海拔调整，距海平面位置每升高1000英尺，加热时间增加5分钟）。如果不清楚加热时间，最好选择多加热一会儿，时间越久，杀死的细菌越多。拿取罐子时需使用钳子，确保远离热水，以免烫伤。将罐子取出后静置至冷却。空气压缩时，会听到盖子发出砰砰的声音——这代表着腌菜已经很好地封存在罐内了。冷却后，在操作台上轻轻磕两下罐子，确保所有的空气已被排出。

等待

从现在起，腌菜就自己开始工作啦。腌制的时间越久，产出的腌菜味道越足。用醋腌制的菜可以在室温环境下食用三周左右，放在冰箱中保存则可以食用一年之久。

盐腌的基本方法

乳酸发酵是传统上无须用醋进行腌制的方法，同时还可以保留有益菌。用盐腌制与用醋腌制的基本过程很相似，只有两个最重要的区

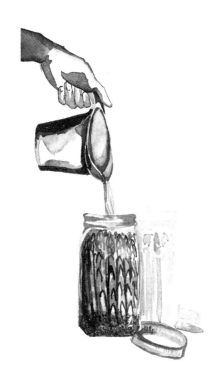

别——使用的卤水以及封存的方式。盐腌无须用热水将罐子封存。水、盐和蔬菜这三种最重要的原料适用于所有乳酸发酵的食谱，从德国酸菜到韩国辣白菜都是这么制作的。

制作卤水

每一夸脱水，加一勺半盐。采用这个比例，可腌制约 3 磅左右的蔬菜。水和盐混合放入大罐子或者瓶子中（洗净的空红酒瓶就可以），摇匀，确保盐全部溶化在水中。

装罐

将香料和调味品置于罐子的底部。放入蔬菜，加卤水浇至距罐口 0.5 英寸左右的位置。拧紧盖子。将罐子静置于阴凉处，约六周后便可食用。开盖食用后，要放入冰箱储藏。用醋腌制的菜虽然可以在冰箱中保存一年之久，但用盐腌制的菜只能食用约一个月。

果酱制作

有两种制作果酱和果冻的方法。一种是用传统的热水灌装技术来制作大量可长时间保存的果酱。另外一种方法是制作即食果酱，也就是下面即将介绍的，可随时品尝美味的方法。

容器消毒

把干净的毛巾放在开水中浸湿，取出拧干后轻轻擦拭器皿。腌制前将容器和盖子一并在沸水中煮几分钟。

准备食材

选择水果（新鲜的时令水果永远是最好的选择），切碎成约两杯半左右的量。以下是需要准备的材料：

· 两杯半水果（搅碎、切块或切片均可）

· 1 颗柠檬

· 1/4 杯白糖（或蜂蜜、龙舌兰花蜜，根据口味添加调整。）

· 天然果胶

· 一小撮盐（根据口味添加）

注意：也可以不使用果胶。不过这样做出的果酱可能会有些稀散，没那么浓稠。

开始制作

切好水果，不要使用果皮、果核，或腐坏的果肉。可根据偏好将水果搅碎、切块或切片。加入糖，放在中等大小的煮锅中。可以根据自己的需求倒入果胶。撒一点盐，使水果味道充分挥发出来，挤一点鲜柠檬汁进去，不断调整食材用量以达到满意的口感。

检测结果

煮沸食材。水果中所蕴含的水分使其不易干锅，但煮制过程中需不断搅拌，确保水果不会黏在锅底。煮 5~7 分钟左右，检查果酱是否在锅中成形。试一下混合物的黏稠度：滴几滴果酱在冰冻的勺子上，等几秒钟，用指尖轻触果酱。

若果酱凹陷并有指印留下，便表示已制作完成。反之，则需继续加热熬煮。同时，也可尝下果酱味道，以确定是否还需要继续加糖或柠檬汁等调料。

成形

关火，用勺子小心将果酱盛到罐子中。静置冷却罐子，然后盖上盖子，放入冰箱中。果酱开罐食用后可保存三周左右。另外，留好自己食用的量，剩余的自制果酱还可以转送亲朋好友，这可实在是一份甜蜜的小礼物。

-

Weck Canning Jars

威客密封罐

即使不需要储存或制作果酱，这款储物罐还可以用来存放芦笋、胡萝卜、韭葱和其他蔬菜水果。1990 年，设计师约翰·威客（Johann Weck）发明了这款密封罐，用厚玻璃制成的罐子可以用于高温加热、消毒和发酵等场合。玻璃盖子不会被腐蚀或沾上食物残留的味道。封口处的橡胶圈还可以确保罐子倒置时密封严实，其中液体不会溢出。

Outdoors

–

户外篇

如何

—

砍柴

"我学会砍柴是由于父亲坚持认为年轻女孩在成长过程中必须学习如何自己动手，丰衣足食。人并不是与生俱来就会（并且渴望）砍伐树木，也需要学习伐木知识。我第一次砍柴的经历非常可怕：费尽力气才拔出嵌在木桩上的斧头，并且由于我又拧又拽，还将斧头手柄弄坏了。最后，我泄气地甩甩手，气冲冲地咒骂着离开了。但现在我非常喜欢砍柴。这个过程充满禅意，令人感到满足，同时还能保持头脑清醒。"

——

卡丝·多本斯佩克，作家

Cass Daubenspeck, writer

认识木材

砍柴，既非锯开也非切割，而是用力劈砍木头，使它从中裂开。（这也就是为何人们说钝些的斧头比锋利的要好用。）与锋利的斧头相比，方形刀片的斧头更适合伐木或砍断比较细的树枝，楔形的设计可帮助人们更省力地劈柴，减少挥动的次数。

开始前，仔细检查木头，如果上面有细碎裂口，则容易劈开。尽量避免砍树节的部位——看起来多节且粗糙的部分通常纹理比较混乱，是比较难劈开的部位，并且会十分耗费体力。需记住，最容易砍的部位是靠近树皮的位置，而非木头的中心。因为这部分年轮是新长出的，更稀疏也更脆弱。以下是砍柴过程中的注意事项：

柴火堆

无论你砍了什么品种的树木作柴火，一定要等它风干后再拿去燃烧。正如一些上好的葡萄酒必须经过时间的沉淀一样，木材需要放置6个月甚至更久才会在燃烧时释放最多的能量，具体时间取决于木材的品种。橡树？至少要放一年左右！至于柴火的码放，最好选择干燥处作为存放点，比如带顶棚的水泥地面等。水泥地面可以防止木材发霉，顶棚则防止雨雪浸湿木材。

如果你的柴火是放置在后院，最好用腐木做一个台面后再放置木材。确保该位置保持通风，阳光可以彻底干燥木材，当然上面需要覆盖一层遮挡物（防水布就可以）。然后将你的柴火分堆放置整齐（每堆约占地4英尺 X4英尺 X8英尺）。

准备挥斧 · · · · · · ·

双腿分开，与肩同宽站立，放松肘关节和膝关节。在身前竖直方向握住斧头，手的位置与腰持平。一手抓住手柄上端，一手握住手柄底部。将斧头举过头顶，直至斧头与身体、膝盖成一条直线。举起过程中，握住手柄上端的手慢慢滑向底部。用力向下挥动，屈膝、弯腰，保持动作顺畅。正式挥斧前，可以先做几次练习动作。稳住，挥斧、劈柴一次到位。

找准目标 · · · · · · ·

保持视线停留在即将劈开的点，挥斧过程中注意力不要离开这个点。正如在空手道或保龄球运动中，你需要全程全神贯注于同一目标点一样。

休息·········

　　砍柴是一项非常辛苦的工作，而挥斧砍柴时不用上全力则会更耗费体力。砍柴期间需要不时休息。如果感到疲惫、气喘或身体虚弱时依旧继续挥斧，力道会不稳定。最好是休息过后再继续。这个道理也适用于生活中的很多事情。

Split Wood

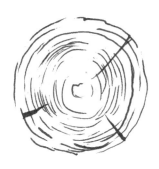

点燃篝火

"当我还是孩子时，篝火总能吸引我靠近。伴随着意料中的噼啪声和偶尔突如其来的爆破声，我们围坐在一起，聆听最好笑的笑话和驱魔故事，火光温热着我们的脸颊。食物烧烤的香气，黑暗中互相交换的颇有深意的眼神……这些都是最棒的回忆。篝火邀请我们彼此分享，与天地对话。"

——

基斯·霍布斯，爱达荷州州立公园

Keith Hobbs, Idaho Department of Parks and Recreation

制造火花

事实证明人类生火的历史已经超过 120 万年了，但练习仍可让这项技术更加纯熟。以下是生火、保持篝火燃烧以及将其扑灭的简易步骤：

保持篝火燃烧

生火的三项基本要素是：干木柴，对流的空气，持续不竭的热量。添加柴火时，轻轻放入新木头。如果随意投掷可能会产生火星，引燃其他物品。粗心的投放还可能破坏篝火堆的平衡，导致火焰骤然增大或熄灭。如果希望火苗变旺，从侧面轻轻扇风，不要从上向下扇，以免脸部受伤。

销烟灭迹

准备熄灭篝火前一小时放入最后一块木柴，使其有充足时间燃烧殆尽。向篝火泼大量水浇灭火焰，轻搅灰烬堆确保火苗全部熄灭，最终地面应逐渐冷却至可手触。

Step 1 ·········

选择安全的位置，无论是露营地还是沙滩，抑或在洞中生火，都要确保你的帐篷、随身物品和树木、树枝等易燃品远离火源，与其保持至少 5 英尺的距离。

Step 2 ·········

收集三种生火必备的材料：

·易燃物。任何易燃物，比如小树枝、干叶子、报纸、硬纸板或者干抹布。

·引火物。小木棍、直径约 0.5 英寸的小树枝或者可以迅速点燃的干树皮等。

·木柴。每块直径大约 1~5 英寸左右，越干越好。

Step 3 ·········

从以下四种方法中选择一种摆放引火物，致烟量从无到多：

·将引火物摆放成帐篷的形状置于易燃物上方。倒圆锥形可以让空气对流速度加快，容易生火并可持续燃烧。

·在易燃物上铺上引火物，呈十字状摆放，这样可以延长火焰燃烧时间。

·如需更长时间燃烧，将引火物堆放成合适的角度，像搭林肯木屋一般，将小的引火物铺在最上面。

·倾斜状摆放引火物尤其适用于烧烤。将长木棍放在易燃物上方，与地面呈 30 度角，倾斜方向与风向保持一致。将小引火物放在每个成角度摆放的木棍周围抵住，做成类似肋骨排列的形状。

Start a Campfire

Step 4 ·········

点燃易燃物和引火物前后都可以添加柴火，摆放方式参照引火物的摆放过程。准备就绪后便可点燃易燃物。火焰逐渐变旺的过程中添加易燃物或在底部周围扇风，可促进易燃物和引火物充分地燃烧。篝火点燃后，持续添加木柴。

注意事项 ·········

事先查看公园规定，确认所选地点是否允许生篝火。为保护土地和生态系统，国家、州省及私人公园都有各自的相关规定。

Elk-Antler Magnesium Fire Starter

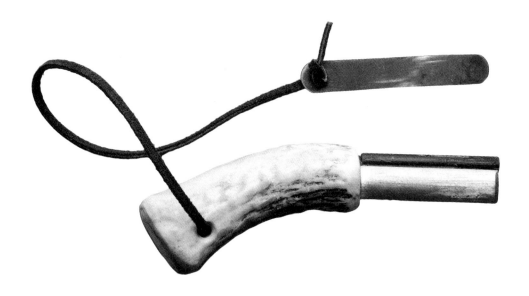

镁棒点火器

—

镁物质需经过特殊打磨才可成为易燃物。其燃烧时，温度比火柴高，很难熄灭；而且易被点燃，即使易燃物潮湿也没问题——这对在湿冷海边露营的人来说是必备之物。用镁棒使劲摩擦坚硬表面（地面或者木桩），搓出碎屑。然后将易燃物围着碎屑铺开。用手柄中自带的打火石制造火种，点燃镁屑，生火。

掌握基础打结法

"结是绳子中间的一个休止符,使其可以转而产生新的用途和功能。你必须了解结的作用才能知道如何利用它,海员、旅行家、商人都可以证明这点。新乘客搭乘我的船时,我会教他们如何打有用的结。他们都深刻了解到每种结的重要性,并深受触动。另外,学会如何正确打结也是让人非常满足的事情。"

———

戴岩·阿姆斯特朗,旅游公司创始人

Dayyan Armstrong, Sailing Collective

打结课

好的绳结，其关键不在于简单的系结方式，而在是否还能轻松解开。（是不是唤醒了别人悄悄给你的鞋带打了死结的记忆？）在海员和牛仔眼中，从功能性的结到装饰性的结，使用方法无非都是套进、脱出。因此，无论是用来将渔船固定在岸边缆桩上，还是将在跳蚤市场的所获捆到你的车顶上，以下打结方法都可以参考。（注意:应避免使用已磨损，或是暴晒过、被烫坏的绳子，在潮湿环境下存放时间过久发霉了的绳子也不要使用。）

舌头打结?

开始打结前，先熟悉一些重要术语：留下较长绳子、不打结的一端叫"根端"，而用于打结操作的一端称为"作端"。

Master Basic Knots

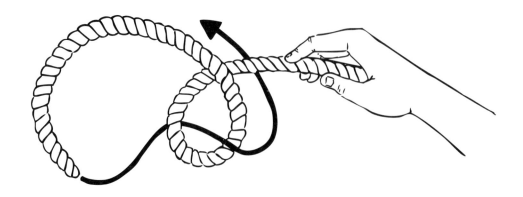

单套结 · · · · · · · ·

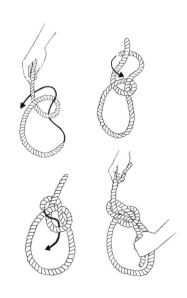

坚固且系法容易，单套结（又音译为布林结）是目前最流行的一种打结方法。其用途广泛，既可将船系在缆桩上，也是美国联邦航空管理局（FFA）推荐的固定停泊中的飞机、使其免受风暴破坏的方法。单套结非常稳固，但也容易解开，甚至在北大西洋一艘船结冰的甲板上都可以操作完成。

1. 一手持绳，使其自然垂落。另一只手持作端打一个圈，叠在根端上(不要叠在下面)。

2. 将作端自下向上穿过该圈。

3. 逆时针方向绕着根端自上而下再次通过该圈。

4. 拉紧，系牢。

八字结 · · · · · · · ·

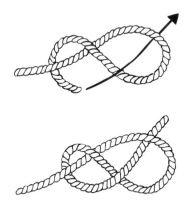

此结有两个用途。一是可形成稳固的圈，二是在较松的绳子上形成隔断。对船员来说，在帆尾系八字结可以避免其挤作一团或是随风乱摆，造成危险。

对登山爱好者来说，将八字结套在坚固的位置后再反向打个八字结，就能得到双八字结——传说中最坚固的结。

1. 一手持绳一端。另一只手持另一端沿绳自上而下逆时针绕过，形成一个圈。

2. 持作端自上而下穿过该圈，拉紧，成为一个"8"形。

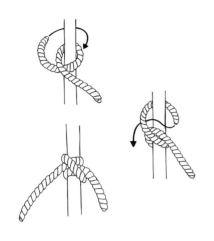

双套结 ·•·—·—·—·—·—

这个结既有基础用法（将马拴在柱子上），也有高阶用法（将大船固定在岸边）。就像车夫结几乎适用于任何场合——既可加固帐篷防止其被吹飞，也可将独木舟固定在车顶。

双套结虽不是最坚固的结，但便捷之处在于可以进行调整，所以，这种结在大多数情况下都能够使用。

1. 将作端顺时针绕垂直物体一圈。

2. 将作端继续绕一圈，在根端上方形成一个新的圈，将作端自上而下穿过该圈形成一个新的结扣。拉紧，形成双套结。

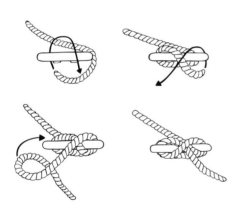

羊角结 ·•·—·—·—·—·—

如果你在船上长大，羊角结（系缆结）应该是最早学习的结，因其对于将船固定在岸边来说极为重要。

如果不会，也不要着急：这个结的系法非常简单。下次再乘船游玩时，你就可以凭此技惊四座了。

1. 抓起甲板上的绳子，沿着羊角（甲板上的T字形金属锚）绕圈，绳子尾端穿过羊角的顶部。

2. 再将绳子自下而上绕过羊角，这样会在羊角上形成一个"8"字。

3. 在作端拧一个环，套在羊角上。拉紧便可。

修理自行车爆胎

"每天骑自行车，算来也有二十多年了，我通过实践（永远是最好的方法）学会了维修和保养自行车。对于骑行爱好者来说，学会修理爆胎是很重要的事情。虽然看起来容易，但其实个中关窍非常之多。熟练掌握这项技能后，你的骑行之路将会更加自由。即使沿途出了故障也无须担心，修理之后便可继续上路。"

——

托马斯·卡拉翰，野马自行车店

Thomas Callahan, Horse Cycles

逍遥骑士

骑车往往是我们童年最先学会的逃避现实的消遣。这一最初的经验促使我们如今仍会骑行，无论是日常通勤还是去野外冒险。为了轻松应对在半途中爆胎但又无法推着车回家的情况，以下信息是你需要注意的。

总体而言，自行车的车轮有两种类型：快拆式和传动轴式。快拆式的车轮无须使用任何工具就能卸下来。而传动轴式车轮，则需要一把 15 毫米的扳手帮助你拆卸。

了解自己的车轮类型后，再选择相应的辅助修补轮胎的工具。

注意，车胎胎压用 psi（每平方英寸所承受的磅重）数值来表示，范围大约是 30~130——高压的一般用作赛车车胎，低压的用作山地车车胎。你可以在车胎侧面看到 psi 数值，确保你选择的打气筒适合你的胎压。

需要准备

15 毫米扳手（仅适用于传动轴式车轮）
车胎撬棍
备用车胎
无胶水的车胎皮补料
手压式打气筒（最好与胎压匹配）

Step 1 · · · · · · · ·

如果是变速自行车，将其调到最高的齿轮上（后车带上最小尺寸的齿轮）；如果自行车的齿轮是内置的（在内部花鼓附近），将其调至最高齿轮数值（3、5、7 等）。这样可以使你拆卸轮胎时更加容易，无须不断蹬车轮，节省时间。

Step 2 · · · · · · · ·

如果自行车有个车圈闸（捏住刹车杆时，抵住车圈的橡胶垫），调节刹车杆，松开车圈闸。如果你的车上没有刹车杆，请顺时针方向旋转调整器（在车线和闸的连接处）放松闸线，使轮子可以通过橡胶垫。

Step 3 · · · · · · · ·

a. 如果你的车有传动轴，使用 15 毫米扳手松开其两侧的螺丝，然后以逆时针方向拧动扳手（"右紧左松"）。这样车轮就会从车框架中滑出来。

b. 如果你的车有快拆杆，拉开快拆杆（如果是正确安装的快拆杆，应该在无制动的一面，也就是没有车链的一面）就可以拆下车轮。

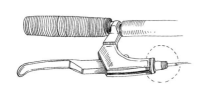

Step 4 · · · · · · · ·

将车轻靠在路牌、树木，或者其他比较稳固的物体上。将车轮平放在地上，坐下。找到气阀的位置（你连接打气筒的地方），将其靠近自己。

挤压气阀对着的车轮另一侧，这里的压力最小，最容易将胎唇（车胎内侧用于密封车胎和车圈间空隙的部分）松开。

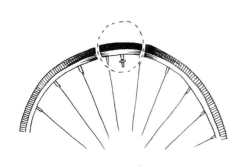

Step 5 · · · · · · · ·

将车胎撬棍插入胎唇下，轻轻将胎唇移出车圈。反复尝试直到胎唇一侧稍稍露出车圈，如果胎唇实在卡得太紧，可以用两个撬棍同时用力。

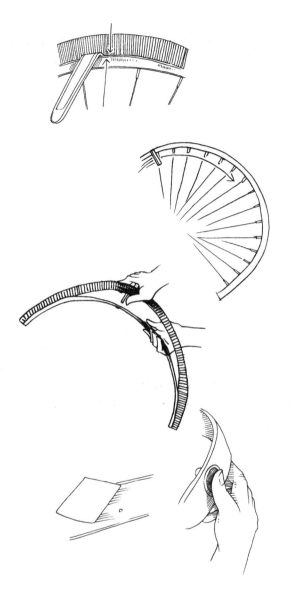

找到漏气点后，查看对应位置的外胎橡胶上有没有碎玻璃、锋利的小石子、棘刺，或其他尖锐锋利的碎片。将之清理干净。用手指仔细检查外胎内壁，确保没有东西会再次划伤内胎。虽然此类情况不常见，但外胎的破裂或是磨损还是有可能导致爆胎。真遇上这种情况就比较倒霉了。

Step 8 · · · · · · · · ·

如果确实需要更换内胎，建议选择新胎。如果补胎的话，补丁处可能很难处理好（虽然不是办不到）。因此最好提前备好新胎。如果只能选择补胎，那么先找到划伤的部位，用砂纸打磨这个位置及周围。将准备好的补料中心对准破损处放好，用力按压 10 秒左右，静待其充分风干。无论是重新装胎，还是补旧胎，接下来就可以将内胎归位，务必确认内胎与车圈契合完整、内胎没有变形，不然之后还可能会造成爆胎。

Step 9 · · · · · · · · ·

找到气阀，将车胎一点点重新压回车圈上。从气阀处开始，左手逆时针方向，右手顺时针方向操作，直到车胎完全归位。（再次重复，气阀位置是压力最小的位置。）检查确认内胎

Step 6 · · · · · · · · ·

按住气阀，从暴露在外的胎唇下小心地抽出部分内胎。尽量不改变内胎放置的原始位置，然后给内胎充气来找到漏气的部位。

Step 12 ·······

重新安装后车轮时，需一手按住车座，一手握住轮胎，顺着后车架滑动车轮，确保车链围着最小的齿轮滑动。重新安装前车轮时，需握住车把，将前轮导入前叉即可。

Step 13 ·······

合上快拆杆（合上时应该比较紧，手上能感觉到压力）或者用扳手将传动轴两端的螺丝拧紧。

没有被夹在车圈和外胎之间，不然依旧可能造成爆胎。

Step 14 ·······

用手转动车轮，确保转动过程中没有阻力，试蹬几下，确认车链工作正常。

Step 10 ·······

用打气筒给车打气。每打几下气，移开打气筒，用大拇指和食指捏着车轮转两下。当车轮转动时，检查内胎位置是否正确，外胎到车圈边缘各处应是等距距离。（重置旧车胎时不会有此问题发生，装进新内胎后，如果发现不等距，则需要放气后重装一遍。）

Step 15 ·······

逆时针旋转调整器，拧紧闸线。将闸垫放在靠近车圈的位置，调好刹车杆（也就是第 2 个步骤的倒序）。

Step 16 ·······

检查车闸，确定刹车阻力合适，然后重新上路吧！学会修车这项技能，世上就没有什么能够放慢你前行的脚步了。

Step 11 ·······

继续打气，达到胎压标准为止。

TOOL OF THE TRADE

EDC Bike Kit

EDC 自行车工具套装

这个套装配有6种日常小工具——每种尺寸都和家门钥匙大小差不多——这个套装是为骑行者专门配备的。"EDC"特指颇具设计感的口袋工具，无论在什么地方，遇到状况时都可以用它解决问题：一对4毫米和5毫米的小扳手可以用于调整座椅位置或者拧紧车闸；钢材质的3英寸撬棍可以用来更换车胎；铜制指南针可以帮助骑行者在夜晚辨别方向。

观识星象

"没有比观察星空、识别方向更浪漫的事情了。作为一种古老的方法，天文导航法简单有效。只要花几分钟的时间，你就能学会比使用指南针或智能手机APP更精准的定位北方的方法。下次，寻找方向时，只需抬头望天便好。"

——

特里斯坦·古利，领航员

Tristan Gooley, The Natural Navigator

天空无垠

无论是在世界上的哪个角落，熟悉星空、了解天体都可以帮助你适应周围环境。以下是为初级天文爱好者提供的一些小技巧。

Read the Sky

用北极星导航 •••••••

作为夜空中最亮的星之一，北极星从来不会移动方向，永远指向北极，永远在北方的天空闪闪发光。为了找到北极星（以此来导航），可以采用下列方法：

1. 找到大熊星座中的北斗七星，是定位北极星最可靠的办法。北极星就是小熊星座尾部的第一颗星，与北斗七星遥相呼应。在欧洲，北斗七星被称为犁形星（the Plough），是真正意义上恒指北方的星星。只需寻找四个呈量斗状排列的星，顺着"斗柄"再找到其他三颗星，就找到整个北斗七星了。

2. 找到北斗七星后，再找到这个星群中最远的两颗星——想象你正用这个斗向一个巨型宇宙水桶中倒水，那两颗星大概就在水流出一侧斗壁的两端。然后，在脑海中模拟一条直线，从斗口那颗星处向上延伸、与星群成90度角，这条直线触到的那颗星就是最亮的北极星了。

用南十字星座导航 •••••••

如果你处于赤道下方的南半球，位置因素导致无法看到北极星。定位的替代方法便是寻找天空中呈十字状的星群，也就是常说的南十字星座。

南十字星座由南半球最亮的四颗星星组成，形状看起来像一面风筝。它就像是南半球的北斗七星一样，大十字星座明亮耀眼，晴朗的夜晚在天空中很难看不到它们。

想确认正南的位置，可以想象出星座构成的"十"字的长轴线，将这条线自上而下延伸约 4.5 倍，就是南天极。

用太阳导航· · · · · · ·

　　白天，确认太阳的位置就是寻找方向最好的途径，还可以借由太阳估算时间。中午左右，北半球看到的太阳直指南方，南半球反之。无论在世界的任何位置，太阳都是东升西落，在正午升到最高，最终在西边落下。

　　另一种简单的方法是制作日晷指南针导航。（这个方法需要一些时间和耐心。）首先找到一块 2~3 英尺长的木棍，将其树立在地面上形成阴影。放一颗小石子标记下阴影尖端的位置。坐回原处，放松等待 15~30 分钟，或足够使阴影移动位置的时间。（太阳总是自东向西运动。）另放一颗小石子在新的阴影尖端位置。在两个小石子之间画一条线，则第一个标记为西，第二个标记为东。

　　站在两个标记中间，让第一个标记（西）在你左侧，第二个（东）在右侧。这时你所面对的就是北面。这是在地球任何地方都适用的方法。

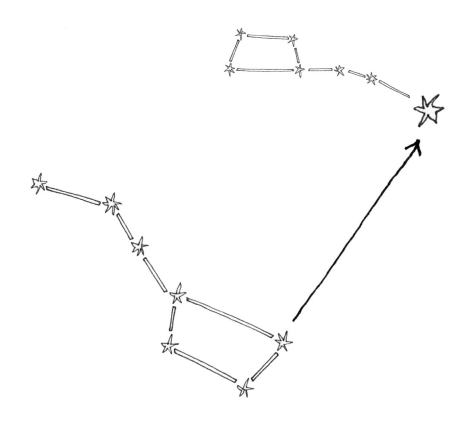

TOOL OF THE TRADE

-

Brass Pocket Compass

口袋指南针

—

现在 GPS 已经无处不在、无所不能，人们很容易忘记自己的祖先仅靠指南针和群星的指引，就以他们的智慧发现了一块块新大陆。这并非逼你使用六分仪来导航，但能使用指南针是最基本的野外生存技能。这个黄铜制的指南针，有着荧光刻度盘和坚固的 Lexan 塑料镜面，是登山和航海时最佳的旅行伴侣。金属外壳内嵌着一个环形封口圈，形成类似手表式的密封状态，使指南针可以防震、防水。一英寸大小，设计低调朴实，却可以挽救你的生命于万一。

雪地行走

"老话说，会走路，就会穿雪鞋走路。每年冬天我都会穿着雪鞋走300英里路。这项运动比滑冰或滑雪的危险性要小得多，而且几乎可以立即掌握。只需要确保雪鞋尺码合适，穿着舒适即可。"

——

阿曼达·韦伯，艾佛森雪鞋店

Amanda Weber, Iverson Snowshoes

一步一个脚印

　　约六千多年前，雪鞋是为了适应特定的地形而发明的。居住在北美和格陵兰岛北极圈内的因纽特人穿着长约 18 英寸的三角形雪鞋。而靠南一些（如今的加拿大安大略省一带）的部族，如克里人，则穿着长约 6 英尺的窄面雪鞋。北美各个部族的雪鞋都有自己的特殊设计，是为了适应当地地形和捕猎需要。如今常见的雪鞋更多参考了休伦湖克里人的款式，有网状的底部和木制的鞋身。这基本适应全球大多数徒步爱好者的需求，并有不同地形（平地、坡地、山地）专用的款式。现代雪鞋款式为互锁设计，意味着雪鞋宽大的前鞋面就像一片拼图，可以与普通鞋的跟部自然"拼"上，这样的设计可使人在行走过程中轻松保持平衡。

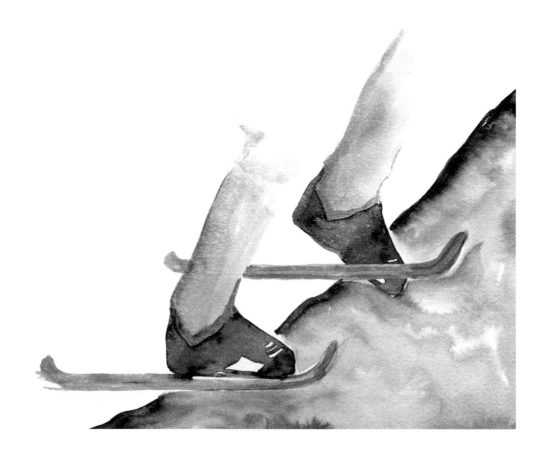

以下是找出适合你的鞋号的简便算法：体重磅数（当然还要算上些衣物重量，除非你什么也不穿）和穿上雪鞋后可以正常支撑身体重量的空间平方英寸数一致。举例来说，体重为200磅，穿上鞋后，需要200平方英寸的表面来支撑，那么鞋号应为8X25英寸。如果希望脚趾温暖舒适，穿上纯羊毛的袜子可以驱走湿气。穿保温、防水、系带的靴子再绑上雪鞋，可以在行走时更好地保护你的双脚。

大步流星 ·······

第一次穿雪鞋，感觉很像穿着潜水的脚蹼行走。除非是走在快要结成冰的坚实雪地里，否则你都能感到脚下有些弹力，需要比平时走路再抬高点腿。

为防止一只鞋踩在另一只上或两只鞋绊在一起，每一步都要比平时迈得更大，两腿多分开一些。在手杖的帮助下，可以更容易保持身体平衡。穿着雪鞋走路其实很简单，大部分人只要多加练习就可以很快适应。

合适的支撑角度 ·······

上坡和下坡需要比走平地多一些技巧，亦需要对地形有一定掌握。大多数雪鞋鞋底前后都有鞋钉，可刺入雪地和冰面，确保每一步都走得稳健，不会滑倒。推荐使用手杖。

走上坡路时，雪鞋前端稍稍倾斜，向前迈步（这种方法又称"踢步走"），逐渐放低重心。向前屈膝，保持身体前倾。

另一种是"沿边走"，在陡峭的山路或不平的地势上行走，雪鞋直接刺入上坡的边缘，将鞋当成支撑板，一步步向上前进。

第三种方法是"鸭子走"，两脚向外分开45度行走。用脚将身前的雪带出去，平整前路，再迈下一步。

无论使用哪种方法和技巧，雪下得非常大或冰面陡峭时，都要更多地依赖工具和支撑点。如果这座山看起来特别难爬，就尝试另外的路线吧。

Walk
on
Snow

走下坡路时，要放缓步子，身体重心后移，以脚跟先着地移动步伐。弯曲膝盖。使用手杖可以更好地控制步伐、保持平衡。滑着走也可以——注意速度就好。速度太快时，可以收紧臀部、身体后倾来停住脚步。

TOOL OF THE TRADE

–

Beavertail Wooden Snowshoes

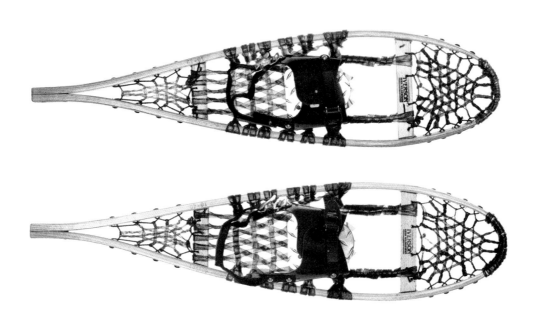

海狸尾木制雪鞋

–

这双鞋适用于初雪时节，它有个类似尾舵的设计，可确保你在羊肠小道上也能维持直线行走。手工编制的皮绳可以让雪透过这些网面迅速落下，不影响行走，避免被绊倒。边框是用极轻的水曲柳制成，不易变形，移动灵活——远优于铝制边框的鞋，它能助你每一步都走得轻盈。每双海狸尾牌（Beavertail）雪鞋都在密歇根州的艾佛森工厂手工打造，在它准备好带你遨游雪地之前，需要经历多达20道的制作工序，包括裁剪、蒸汽处理、塑形、烧制、染色等等。

搭建避难屋

"虽然既有的避难屋也能使用，但自己动手搭建才是最佳选择。早上醒来，发现疾风骤雨来袭，你会希望自己能躲在安全的避难屋中。搭建可拆卸的避难屋是一项非常重要的技能，可使你安顿舒适，一夜好眠。"

——

罗布·戈尔斯基，"兔岛"联合创始人

Rob Gorski, Rabbit Island

生存很简单

简易避难屋构造简单，只有倾斜的屋顶和两个立柱。主要是为没有帐篷的人提供休息空间，同时让身体取暖，维持体温。根据尺寸和耐用度不同，避难屋有一些不同规格的设计。下面我们简单列出了搭建紧急避难屋的方法，它可供你一两晚之用，并且以手边天然资源作为材料就能搭建好。

Build a Shelter

基本要素·········

如果在野外受困需要过夜，又需避开危险动物，紧急避难屋只要几个小时就可以搭建完成。使用手边天然资源，最基本的构件包括两侧支柱（通常是树干或粗树枝），横梁，可以形成有倾角的顶棚的屋架（由坚硬的木头和覆面组成），以及用于覆盖顶棚和保温的松柏树枝、碎木片等材料。以下是搭建前需要了解的最基本注意事项：

适宜的环境
* * * * *
小心观察周围环境是否有可能出现大型危险动物。观察其脚印踪迹、粪便，以及其他一

些明显的迹象。如果有危险动物出没的痕迹，比如有熊掌或土狼脚印，建议换个地方搭建避难屋。

合适的位置
选择一个天然防护较好的搭建位置需要你花些时间。找一个有大树、巨石或者其他自然防风物遮蔽的位置。

保持平整
平整的地面很重要。避难屋的其他结构全都以此为基础。即使是临时的避难屋，倾斜的地面也会导致雨水渗进屋内。

搭建
找到合适的位置后，就可以开始工作了。

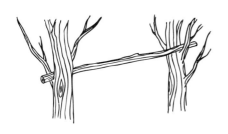

横梁
选择横梁位置非常重要。理想来说，需要找到一根长树干或树枝，架在两个相邻树干之间。如果树干是光秃秃的、没有枝杈可以架设横梁，可以找些藤蔓当作绳索将横梁绑在两侧树干上。

确定横梁高度时，需要你考虑自己需要多少空间坐卧。最好让屋门口和身体保持几英尺远的距离，这样你才不会被可能飘进来的雨雪淋湿。

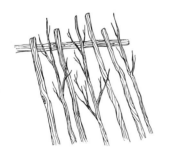

屋架

屋架指屋顶架构，在其上可叠放厚的木皮、树枝，起到隔离、保温的功能。

寻找长直的树枝，尤其是松柏枝。将树枝斜靠横梁放置，这样可以起到加固、防风的作用。确保放置角度让你在避难屋内有足够的空间并且舒适。

搭建成 45 度角是比较理想的，不过搭建的角度更陡些可防止雨雪渗入。

防水

将较小的松枝垂直编入屋架中，之后在其上垂直于第一层再编入一层。

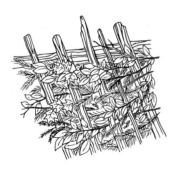

保温

最后，用土、叶子和小树枝覆盖住屋顶。覆盖的东西越多，防水系数越高。如果在避难屋外生火，碎木还可以吸收热量充当保温层，使你晚上更暖和。如果下雪时在屋顶覆盖上一层雪，也能形成完美的天然保温层。

-

Steel-and-Leather Camping Hatchet

露营钢斧

—

该斧头从斧刃到手柄都是用一块完整的钢材直接切割打磨而成，因而非常结实。务必将它打包至你的行李中，因为其在露营中用途十分广泛，可以开路，劈柴，以及分割引火物和易燃物等等。斧头手柄处包裹了皮料，经年使用，金属颜色加深、皮革散发光泽，更添风韵。总之，这款产品不仅功能强大，也是一件精工细作的艺术品。

寻觅野生食材

"每种动物都有觅食的本能，但很少有人知道如果不去商店或菜市场，如何获得食物。大多数人甚至无法叫出上班途中他所看到的植物的名字。觅食可以治愈'绿色盲'，让我们认识植物，同时使我们感知到大自然就在我们身边——它构成了我们。"

———

汉克·肖，《狩猎、采集、烹饪：寻找被遗忘的盛宴》作者

Hank Shaw, author of HUNT, GATHER, COOK: FINDING THE

FORGOTTEN FEAST

采集

采集食物的过程中，精准的观察和常识同等重要。初学者最好从没有任何危险、看起来不起眼的植物开始采摘。美味的蒲公英和松脆的豆瓣是两种最常见的植物，也是对于第一次采摘的人来说最安全的选择。记住，如果不能百分百确认一种植物可以食用的话，一定不要吃它。

明智之选 ·········

在美国或加拿大地区采摘，你所居住的区域很可能会有当地植物协会的专家愿意给出热情的帮助，普及植物相关知识。可以向他们咨询，让他们成为你在当地野外采摘的导师。你也可以浏览一些网站来学习相关知识，如"野人"史蒂夫·布瑞尔（"Wildman" Steve Brill）的 wildmanstevebrill.com，这个网站还有手机 APP 可以下载，为你的野外采集提供简单的参考。还有采集者山姆·泰尔（Sam Thayer）的博客、foragersharvest.com 和相关丛书，以及教育家兼作家约翰·卡拉斯（John Kallas）的在线资源和 wildfoodadventures. com 等。

用你的感官 ·········

不要仅凭肉眼观察，还要通过嗅觉以及触摸质地来判断植物是否可食用。好好利用感官系统，在采集中始终保持小心谨慎。如果某种植物非常难闻，很可能也是不能吃的。它会不会造成皮肤过敏？切勿放入嘴中！

通常来说，世界上几乎每种会分泌白色液体的植物都是不能食用的！所以请避开渗出白

色液体的植物。

用眼观察············

自然界植物种类繁多，很多不能食用的植物和其可食用的植物亲戚外表非常相似。最好随身携带植物细节参考资料，从叶子的形状、颜色、花朵、生长纹路以及其他因素来比对确认植物是否可食用。

另外，还可以从生长时间来进一步确认你打算食用的这种植物的身份。举例来说，如果植物在7月开花了，而你非常确定它应该是1月开花的话，很可能这株植物就不是你认为的那个品种。

最好的杂草

其实无须走出你家后院，就可以寻找到野生食材（只要你不给自家的草坪使用杀虫剂或化学肥料）。虽然很多人都觉得蒲公英是烦人的杂草，但事实上，这个宣告春天来临的清新植物是最干净的。漫长的冬季过后，它及时到来，帮我们净化环境。蒲公英是温和、带有苦味的排毒剂，所有部分都可入药。它的苦根和叶子可以刺激消化道，促进肝和肾排出体内毒素。

一开始，你可能会觉得蒲公英叶子味道非常重，毕竟这种苦味对于人类味觉来说有些挑战。然而，也正是这种苦味促进着我们的消化系统运转。新生的蒲公英口感更柔和，味道没有那么苦。可以加入沙拉中或是制成一杯蒲公英啤酒（曾经是很流行的乡村饮料）、蒲公英葡萄酒等。也可以试着烘烤并磨碎蒲公英的根部后，将其当作营养丰富、低咖啡因的茶冲泡。

避开污染·········

不要采集很明显已经被空气、水或者土壤污染了的植物。尽量避开公路两旁或停车场周围的地带，柏油很可能已经将周围土地环境污染破坏了。

你所在城市的街心花园也许是野餐的好去处，但不一定是采集沙拉原料的好地方，很多街心公园会使用杀虫剂来驱赶害虫。此外，最好能确保植物的水源清洁，尤其是你想要生吃的那些植物。污染的水源意味着植物中很可能夹杂着更多化学成分和重金属。总的来说，越是野外的地方，水源越纯净。

渡河

"渡河是每位野外探险者都必须通过的考验。安全涉入河流,成功到达对岸是我们的原始本能之一。但正如每件事都需要付出努力一样,渡河也需要你卷起袖管(这个场景应是裤管)、沾湿鞋袜。渡河教会我们很多事情,尤其是如何找到阻力最小的路径而不是步步逆流挣扎。如果允许我提供一条建议,那便是最好裸身渡河。"

——

克里斯·伯卡德,户外摄影师
Chris Burkard, outdoor photographer

加强保护

进入野外，需要考虑很多事情，从预防冻伤到抵御毒蛇攻击。但很少有徒步旅行者会注意到穿越溪水和河流时可能遇到的挑战。在荒郊野岭探险时，渡河是一项极度仰赖运气和努力的危险活动。请尽量事先做好路线规划，并按照下面的注意事项安全渡河。

找到河流

这看起来似乎轻而易举，但开启探险之旅前，一定要仔细查阅地图，找到道路与小溪和河流的交汇处，并了解该地区季节性的水位变化。可能的话，提前给当地的护林单位或国家公园办公室打电话咨询相关水位信息。如所去之地沿海，则需随身携带一份潮汐表。

Ford a Stream

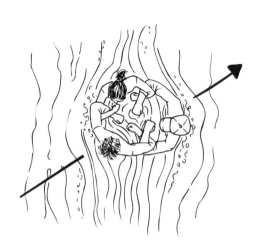

观察河流

如不可避免地需要穿越河流，先尽你所能测量水深。注意观察水的流动方向，分辨其是否湍急。留意水面上是否有突出的物体，以判断前方水流中是否存在树木或者其他物体碎片阻挡渡河道路。如怀疑此处有障碍物，或水深已没过膝盖，应尝试换一条行进路线。

宽处最明智

务必选择河道最直、水面最宽处过河。虽

搬运独木舟

如果乘独木舟旅行，有时河流或溪水间的一些地方会需要你抬着独木舟徒步通过，方法正确的话这也不是难事。开始野外探险之旅前，先在自家后院练习一下如何搬运独木舟。你对自己的独木舟以及对待它的方法越熟悉，搬运时遇到危险的可能性就越低。记住，技巧比力气更为重要。

在岸上将独木舟清空，把其中的随身小物放在书包里，拉上拉锁；鱼竿和比较锋利的物品、可能造成戳伤和划伤的物品则一并收在独木舟中固定好，然后再将独木舟翻转过来。以下是搬运独木舟的两种基础方式：两人搬运和一人搬运。

两人搬运时，其中一人先抬起独木舟前端，将其举过头顶，舟尾仍然保持在地面上。另外一人钻到独木舟下，将轭架（横架在船身正中的轭形横梁）放到肩膀上，面朝舟首的方向。最终，主要由这个人撑起独木舟的重量，是实际的搬运者，另外一人则主要协助认路。这个过程反过来就是将独木舟放回地面的步骤。

一人搬运的方法主要针对有经验的旅行者或独自出行的人。先将独木舟放在地上，翻转侧放，船舱背对你。站在船体的中间位置，一手握住近端的一侧，一手抓住轭架，从地上抬起独木舟，弯下膝盖，将独木舟置于膝盖上，顶住。一只手保持握住轭架，并将另一只手换到离自己最远端的一侧，之后再将握住轭架的手顺势滑向离自己最近的一端。在膝上轻轻颠几下独木舟创造一点动力。当你感觉准备好了，慢慢平稳地将独木舟举过头顶，轭架置于双肩上稳定住身体，面朝舟首站立。

然河面较窄处看上去是条捷径，但很多时候水面较窄处的水位更深、水流更快，水势状况也变幻莫测。然而，如河中有块类似岛屿的凸起，则从此处渡河可能更加安全。小岛像是一个分割点，将水阻隔成不太湍急的两部分。

清晨最安全

如果要渡过冰川，尽量选择在清晨。午后强烈的阳光会将冰雪融化，难以预计水量，还可能形成险流，增加渡河的难度。

鞋子干，旅人笑

渡河前一定要脱下鞋子，并将其收纳好或存放在较高处，保持干燥。（事实证明，人们穿着潮湿的鞋子走路脚上更易起水泡，水泡多是在潮湿环境下起的。）最好光脚渡过水流温和平缓、沙土较多的河流。如果不是很确定河底的状况，也可以穿着凉鞋或雨鞋保护双脚，或者穿两层袜子渡河（确保自己还有备用的干燥袜子）。

向前一步

找到适合渡河的位置，步入河中，先沿着河岸试走几步，使双脚适应平衡。双脚与河底或河床接触的面积越大，越容易保持平衡。身体前倾和水流呈一定斜角，同时面朝上游。这样可以利用水流的力量保持身体平衡，不会轻易被冲倒，减少渡河危险。保持身体前倾。持续观察河底状况，检查是否有隐藏的其他障碍物，比如长满苔藓的湿滑石头、漂流的碎木块或其他尖锐的硬物，同时还要注意水流速度的变化。使用手杖或木棍，不但可以帮助维持身体平衡，还可以探测水深、水流速和地面的坚实度。

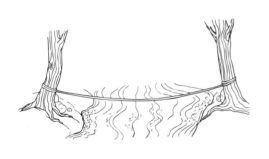

团队的威力••••••

如果是团体出行，渡河过程中遇到困难的话，可以几个人一组一起渡河。三个或多个人围成三角形，大家面对面站立，手挽着手，按照上面所述的方法一同渡河。记住，缓慢而平稳地移动才是最安全的。

利用绳索••••••

如果是团体渡河且有人携带结实的绳索（登山绳就是不错的选择），可将绳索的一端系在稳固的大树上，另一端系在身上，让野外生存或渡河经验最丰富的人先行过河。到达对岸后，再将身上的绳索系在对岸的大树上。这样其他渡河者可以抓着这条绳索渡河，保持身体平衡。最后一名渡河者（也必须是有丰富野外生存或渡河经验的人）将本侧的绳索解开，带到对岸。

不要慌••••••

我们从最浅显的一则渡河须知讲起，就再以同样的一则结束。如果在河中摔倒，不要慌张。保持冷静。如果你被水流带走，尽力使脸朝上，并让双脚对着下游。如果背包将你向下拉扯或使你处于危险的情况，就把它从身上解下来。深呼吸，当水流不那么湍急时，再开始游泳，冷静地使劲游到岸边。

制作鱼饵和处理鱼

"我自小就开始钓鱼。尽管我父亲有条船，但这是我自学成材的技能。我在本地湖泊附近有很多秘密垂钓点，不久又发现了可以偷偷溜进去的私人池塘。大约七八岁时，靠着这点钓鱼技术我就去了海边开始练习垂钓，成年后我终于能够买得起一艘脏兮兮的小渔船并开着它出海。最终，我获得了航海执照，可以在大西洋沿岸捕鱼。钓鱼是我无论如何都不会厌倦的一个爱好。一旦你学会钓鱼，想必也是如此。"

——

米基·梅尔基恩多，米基向导公司

Mickey Melchiondo, Mickey's Guide Service

捕得好

按照下面方法，最大限度利用好你的鱼饵。

选择鱼钩 ·········

总体来说，鱼钩的大小应该和鱼饵大小相当。可选择带钩线的鱼钩或者散钩。带钩线的鱼钩上部配有单线孔，将钩线穿过线孔打个结再和鱼线系在一起。散钩则像其名字一样，比较松，是直接绑在鱼线上的。

不要碰 ·········

挂鱼饵的过程中，越少碰触鱼饵越好。人的皮肤上有氨基酸，鱼类可以嗅出这种物质从而躲避开，因此尽量不要触碰鱼饵。

选择鱼饵 ·········

鱼饵的选择取决于两点：希望钓什么品种的鱼，以及在何种水环境中钓鱼。最常见的三种鱼饵是蠕虫、鱼饵酱以及人造鱼饵。

蠕虫适用于大部分类型的垂钓，无论是粉虫、蚯蚓、红蚯蚓还是沙虫——只要是叫得上来名字的都可以使用。用蠕虫作为鱼饵，需要用鱼钩贯穿虫子头尾，尽量以虫身覆盖并隐藏住鱼钩。确保在尾部留出一小段用来钩住鱼嘴，鱼饵在水中蠕动可以吸引鱼游过来。

鱼饵酱可在大多数体育用品商店或垂钓用具专门店中购得。每种鱼饵酱的盒子上都会标明其成分以及用于吸引何种鱼类。也可以自己制作鱼饵酱，只需要将等量的水、面粉、玉米片和糖混合在一起，搅拌成黏稠的糊状，晾凉。无论是商店里买的还是家里自制的鱼饵酱，将它们制成直径大约 1 厘米的鱼饵球，再挂在鱼钩上，固定住就可以了。

Bait a Hook and Gut a Fish

人造鱼饵既不会浮在水面上也不会沉底；其中一些会加入金属纤维，通过闪闪发亮的外观来吸引鱼类上钩。

常见挂人造鱼饵的方法是将鱼饵捏成型，用钩子从上到下贯穿它，确保挂稳即可。

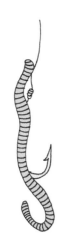

不开膛，不成功········

收拾鱼的步骤：

1．在地上铺一张报纸、包装袋或任何可以接住残渣的东西，处理完毕后直接包好丢入垃圾箱即可。

2．最好选你厨房抽屉中最锋利的刀作为处理鱼的工具，便于划开鱼肚、切割鱼肉和小的鱼骨。

3．先刮鱼鳞。如果烹饪时保留鱼鳞，鱼的味道会变得非常苦涩。一手按住鱼眼下方鱼鳃位置，或是按住鱼头的位置。另一只手用刀或刮鳞器小心地刮掉鱼鳞。顺着鱼尾至鱼头的方向刮鳞。由于刀刃朝向你的手，处理时要极为小心。刮完后将鱼鳞直接扔进垃圾箱。

4．把手指伸到鱼鳃下面，用力拉扯，去除鱼鳃。

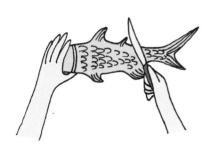

5．将鱼纵向握住，在鱼肚上划开一个口子，把鱼身剖成两半。用手将鱼身打开，掏出内脏器官以及废物，用冷水将鱼里外清洗干净。将取出的残渣废物扔进垃圾箱。

6．如果不想在烹饪时带着鱼头，可以直接把它切掉：在之前鱼鳃所在的位置下方一点，用力切断。仔细检查鱼鳞是否已全部清理干净，用冷水彻底清洁。

现在就可以按照自己的意愿烹饪了。

-

Handmade American Pocketknife

手工小刀

-

专门用于野外垂钓后清理鱼。这款经典小刀十分锋利，使用防腐蚀的 D2 钢和帆布云母板手柄，由俄克拉荷马州的刀具制造商基恩·怀斯曼（Gene Wiseman）生产，也被称为农夫刀。它设计简洁，单刃刀体，适用于各种日常作业，方便携带。每把刀都耗时两天手工制成。活动旋轴可使刀片整齐折入刀柄中，平顺但不松散。它能帮你轻松将新鲜捕获的食材变成美味的晚餐。

熏烤食物

"烹饪是艺术，烘焙是科学，烧烤则是运动。我喜欢熏烤肉类，这感觉更像一种仪式，而非只是制作晚餐。拿出所有工具，闭户不出，准备充足的啤酒——你很可能要连续在烤炉前站8个小时（或者更久）。如果有比赛看的话就更棒了。烧烤的时候，你会总想去调整排风口的位置以防温度发生变化，但正如那些烧烤达人所说：'光靠看可做不好烧烤。'"

——

杰德·马休，厨师

Jed Maheu, chef

烟雾信号

熏烤食物需要掌握在低温下使木头长时间保持燃烧的技能（通常在 180~220 华氏度之间）。这样制作出的食物风味十足，烟熏可使肉类、鱼以及蔬菜别具风味。以下是些窍门：

慢火熏烤

烧烤需要耐心，这是一个缓慢的过程。大多家庭烧烤是将吸收了水分的木块加到户外使用的炭烤炉或煤气烤炉中，盖上盖子，慢慢加热熏烤，使食物充分吸收炭火燃烧释放的香气。

选择木块很重要

木块的大小会影响最终熏烤出食物的味道。举例来说，木块燃烧过程中产生的烟很少，熏烤的食物口感更细腻；而木片、碎木块则燃烧速度快，使食物熏烤味道更重。木头的品种也会影响食物口感。如果希望食物味道清淡些，如烤制禽肉、猪肉和鱼，可尝试使用水果木，如樱桃木或苹果木；烧烤牛肉，如肋排或牛胸肉，则要用重量级的木块种类，如核桃木、胡桃木或橡木。牧豆木也是很经典的烧烤材料，适用于几乎所有肉类和蔬菜。

Smoke Food

干熏还是湿熏？

有两种常见的熏烤方式：干熏法和湿熏法。干熏法用于低温焖烤食物。而家庭烧烤则大多采用湿熏法，或者叫水熏法。用一个烤盘盛满水，置于炭火上方加热。这样可以使烤架下的空气保持湿润，让食物更加鲜嫩可口。

六步完成烧烤盛宴

1. 首先将木片和木块浸泡在水中约一小时左右。在等待的时间里，用木炭开始生火(最好只用纯天然的木炭，避免用夹杂其他成分的木炭)。加热木炭，直到其慢慢发红、产生炭灰。

2. 在内衬锡箔的烤盘里加 1 英寸左右高的水，置于盘架上，加热。用火钳先夹几个木片到炭里。记住，加入的碎木片越多，食物的

下熏烤约 4 小时左右；一大块三文鱼排需在 140~160 华氏度下熏烤 5~7 小时；切片鸭胸肉，每磅需要 1~1.5 小时的熏烤时间，温度控制在 225 华氏度。推荐购买电子测温器来测量熏烤的温度。为防止熏烤味过重，熏烤的后半程不再加入木块。

6．熏烤完成后，把食物从火上移开，静置约 15 分钟，自然降温，然后就可以大快朵颐啦。

注意：如果用煤气烤炉，设备一般配有烧烤箱，水盘和木块都可放在固定的隔层中，点火加热就可以了。如果没有，也可将锡箔纸铺在烤架上，再按照上述步骤熏烤。

熏烤味道就会越重。

3．把食材放在烤架上，架在烤盘上方，盖上盖子焖至少一小时（不要偷看！）。注意，每次掀开盖子，蒸汽和烟都会冒出来，当心被呛到。每小时开盖查看一次即可。适当开盖或添加木炭，将温度控制在 200 华氏度左右。

4．熏烤全过程中保持烤盘内水位高度始终为 1 英寸或更高。也可以在水中加入香料、果皮，甚至苹果醋，增加熏烤食物的风味。比如迷迭香可以给羊肉和鸡肉提味，月桂树叶和橘子皮也可增加食物香气。

5．熏烤的时长取决于食材种类，比如是一块肉或是整条鱼，也取决于熏烤食物的量。提前计算好。大体是整只鸡需要在 250 华氏度

保持燃烧状态 ∙∙∙∙∙∙∙∙∙

下面这种办法可以让炭火保持长时间稳定燃烧。对家庭熏烤来说，这也是最容易的方法。先在烤炉底部放入炭和一些拳头大小的木块。之后，在木炭烟囱中填入大约一半木炭，点燃，待其逐渐发红后，再将其取出铺在烤炉底未点燃的炭上。

调整排风口，控制温度（通常在 225~275 华氏度之间）。先点燃的炭会很快熄灭，但可以对下层的炭起到助燃的作用，保持熏烤温度，确保烹饪完毕前炭都不会烧尽。根据烤炉尺寸和炭量的不同，一般这样最多可以持续燃烧 18 个小时，不必再添置新炭。

-

Texas BBQ Smoking Bags

得克萨斯烧烤袋

—

拉里（Larry）烧烤包简直就是烧烤的法宝。放一袋在烤炉中，食物会变得美味可口。里面所含的碎木是从圣安东尼奥野外方圆70亩的果园中收集起来的，有胡桃木、核桃木、牧豆木和桃木。每月，拉里都会去采集断落的树枝，收集后制成碎木，包装成袋。他会一针一线亲手缝制棉质包装袋，这是他参军时学会的技能。把这袋产品放在水中几分钟后取出，在上面捅些小窟窿，便可持续烧烤至多4个小时——烤出的食物每一口都带着纯正的得克萨斯风味。

Home

—

居家篇

如何

—

保养金属制品

"现代人生产的第一件金属产品并非工具而是家居装饰品。熠熠发光的金属吸引着人们的目光，映出影像，使人们能够看清楚自己。铜器时代的第一件手工艺品便是镜子。人类的金属时代可以简单概括为两个词——犁和斧，我们用它们改变了世界，同时更改变了我们对自己的认识。"

——

马克·科勒，布鲁克林铜制厨具商店

Mac Kohler, Brooklyn Copper Cookware

铜器

乍看上去，铜器呈现的颜色——所谓"铜锈"是种很特别的绿色——像被腐蚀过，但事实上，这是金属自身分子物质呈现稳定的排列顺序，形成的表面保护膜。

因此，从另一角度上来说，抛光铜器有反作用，会扰乱金属物质中的分子排列。想要铜器保持光泽，以下是比较有用的方法。

番茄酱法

挤些番茄酱与等量盐混在一起涂抹在铜器表面，用棉花或湿布擦拭（不要用聚酯或合成纤维的布来擦拭，这样会刮伤表面）。然后再用另一块干净的软布将其擦掉。如果铜器表面有黏性物质残留，用温肥皂水洗净即可。

铜也有涂层

铜碰到酸性物质时很容易被腐蚀，因此铜制厨具通常会有涂层，材质多是锡、不锈钢、银或者陶瓷。想要测试你的古董铜制马克杯或饭锅涂层是否完好，可在上面挤番茄汁。

如所测区域变绿，说明涂层已被破坏，需要做新的涂层。（虽然人体摄取大量的铜才可能有生命危险，不过最好还是不要冒险尝试，安全第一。）

阴影

如果铜制器皿表面有小黑点，这些斑迹很可能是由碳造成的。含淀粉的食物（比如意面）中的水分被蒸发后留下的碳元素，就会在盛放的器皿表面形成小黑点。碳和铜碰面很容易发生反应。如果用什么方法都刮不掉黑点的话，可采取机械抛光的方式，将铜表面的碳分离出去。

银器

银器的天敌是空气中的硫分子。银分子接触空气后，就会开始氧化，最终生锈变黑。生锈的最初表现是银器表面出现黄色锈斑，而后颜色逐渐变深呈深褐色，最终变成深紫色或黑色。日常使用时，我们手上析出的盐和油脂也会使银器氧化。抛光去锈实际是去除银表面的保护层，这就是为何古董银器通常质地很薄很娇贵，雕刻着的花纹也比较模糊。以下几种方法可帮助银器保持光泽。

日常保养 ·······

为避免银器生锈，每次使用完后需用中性肥皂和水清洗。每件银器都要充分干燥。最好是刚刚生锈时就做抛光保养，这时锈迹更容易去除。锈迹加重后，抛光过程就会比较费力，长此以往银器的完整性会被破坏。专用的擦银布也很有效，只需用它定期擦拭，就可使银器得到良好保养，闪耀光泽。

变黄变暗 ·······

如果你继承了一套银器（疏于保养）已经严重生锈，需要处理，可以在家用等量的小苏打和水混合后制作抛光剂来使用。将棉布用混合剂沾湿后擦拭银器。注意手法要轻。如果太用力，则会刮伤银器表面。

另外一种方法是用化学反应来转化银表面的硫化物（也就是锈斑），让其重新回到银分子的状态。在平底锅的锅底铺上一层铝箔纸，然后依次将银器放在上面，尽量让银器最大面积接触铝箔纸（银器相互碰触也没关系）。另取一个容器来制作浸泡银器的溶液，每倒入一杯热水，加入两勺小苏打。将溶液洒在平底锅内，使其没过银器。这时你的银器会马上变光亮，因为硫原子从银表面转移到了铝箔表面上。如果银器依旧看上去十分晦暗，可以马上用擦银布擦拭，这样便可以使其重现光泽。

银器的保存 ·······

最理想的保存方式是放在隔绝空气的壁橱中。和陶瓷、玻璃制品一起储藏都没问题，但不要将银器放在餐巾纸和抹布旁边，还有一些织物，如羊毛、毛毡和人造纤维制品，都有可能造成银器生锈。即使是天然织物，如棉布，有时也会含有染色使用的硫成分。储物箱底部最好放块擦银布，这种特殊材料可以吸附硫原子。（定期更换擦银布更佳。）

如果没有银箱子或相关制品，可以把银器用无酸纸包起来后放入真空袋中保存。用柔软的布（或戴上手套）清理银器可防止尘土、油脂和盐分转移到器皿上。

黄铜

黄铜是铜、锌两种元素混合在一起的合金制品，有极佳的耐受性。古希腊和古罗马人用黄铜铸造钱币、珠宝以及头盔。和铜一样，黄铜不易生锈——几个世纪以来，一直是造船者及船员的挚爱——不过如果将其暴露在外，表面接触油或脏东西，则会氧化，从而生锈。以下是些可帮你保持黄铜最佳状态的小技巧。

感受引力‥‥‥‥‥

清洁黄铜前，把磁铁放在表面，测试其是纯黄铜制品，还是仅是镀黄铜制品。如果磁铁吸附在上面，则说明是镀黄铜制品，只能用清水和肥皂清洁表面，以避免表面黄铜脱落。如果磁铁没有吸附在上面，则说明它是纯黄铜制，即使水和肥皂没办法清洗干净，还可以选择其他清洁产品处理。

最好的黄铜‥‥‥‥‥

抛光黄铜，可用半个柠檬挤出汁与一茶匙带有腐蚀性的物质（比如小苏打、盐或面粉）放在一起混合搅拌成清洁剂，用清洁剂沾湿软布，轻轻擦拭黄铜器物，直至其重现光泽。再用毛巾擦干黄铜。当然也可用番茄酱法抛光(和抛光铜的方法一样)。

变废为宝

"生活中并没有太多机会可以变废为宝。但是过滤掉的咖啡渣，吃剩的沙拉，以及冰箱中放了太久而变质的卷心菜都可以通过处理，成为有用之物。厨余垃圾可用来为家中绿植、后院作物施肥，成为有用的养料。能为我们居住的城市做出一点贡献是件激动人心的事。不如每天花点时间，想想这片土地如何哺育了我们，我们又能为改善生活环境做些什么。"

———

萨瑞斯·麻友，果壳计划创始人

Cerise Mayo, Nutshell Projects

打破常规

　　将废料降解为肥料对我们来说是件简单可控的小事，同时让我们可以凭借双手创造出永续的生活。学习回收有机物质并用于作物和蔬菜上，不仅减少了垃圾，还肥沃了土地，使其更好地为人所用。一个精心打理的肥堆将是一个清洁、绿色的分解器，完全不会对自然环境造成破坏——亦不会令你邀请到家聚餐的宾客困扰。

　　所有有机物都能进行降解。这意味着有生命的或是来源于动植物的材料（蛋壳、叶子、亚麻、树枝、报纸、硬纸板、咖啡渣、剩饭剩菜等）都可以被利用。但请不要用肉类、鱼类、牛奶、油、骨头、有病害的植物或动物粪便。

Step 1

先说最重要的事情：你需要一个单独的垃圾箱，把它放在厨房水槽下，或宠物无法触及的其他地方。用高些的垃圾箱（2英尺×2英尺）或旧的大垃圾箱。带盖子的话更好，也可以用毛巾盖在上面代替盖子。

被降解物需适当接触空气，保持干湿平衡。如果太干燥，降解无法进行；如果太潮湿，则会成为泥渣。理想来说，回收物需要从上到下充分接触空气，保持和湿海绵差不多的潮湿度。每周用铲子上下翻动一次使其接触空气，加入新的有机物质和水；或在顶部和底部各钻些洞，使空气流通。（如果这两者同时进行，可加快分解速度。）

钻洞时可在顶部和底部各钻三个，别忘了在箱底放一个小托盘用来接垃圾和水。（无须在毛巾上剪洞，它本身就是透气材质。）

Step 2

"绿色"（富含氮）和"棕色"（富含碳）废料结合可成为有机肥料，而非垃圾。

只加入棕色物质，降解永远不会发生。同样，只加入绿色物质，则会腐烂、招致苍蝇蚊虫。加入棕色和绿色物质的比例大约为3:1。每三份棕色物质（报纸、咖啡渣、非光滑表面或羊皮材质的纸制品），配合一份绿色物质（食物残渣）。

Step 3

保持含氮物质和含碳物质的正确配比，并定期翻动，你的肥料约几个月后就能完成了。挖出些洒在植物土壤上。不过不要把太多报纸碎块混到小株植物或盆栽中，这会堵住根的生长空间，致其枯萎。有机肥料对植物来说就像一席盛宴，得到精心爱护的土壤在不久后便会给予你回馈。

变废为肥很简单

我们推荐的降解方法介于冷降解（懒人用）和热降解（勤快人用）之间。注意不要让你的降解物产生难闻气味或成为蚊虫栖息地。

如果发现情况不妙，说明含氮物质占比略高，或者有些绿色成分暴露在外了。再加入废料时，注意先在原先的物质上铺一层厚厚的棕色物质。在垃圾箱旁边常备些报纸、咖啡渣或一小盆土壤，可帮助你解决这个问题。

制作天然清洁剂

"家庭清洁剂决定了你每天吸入肺部、咽进食道和吸收到皮肤中的化学毒素的成分和剂量。了解清洁剂成分的最佳方法是自己来制作。家用自制清洁剂和以石油提炼物为原料的清洁剂不同，自制品不但用途广、成本低廉，而且环保。尝试自制清洁剂吧，降低污染，为自己、为家人，也为周围的生活环境。"

———

林赛·库尔特，绿色女王基金项目

Lindsay Coulter, Queen of Green

无公害清洁剂

它适用于金属、塑料、铬合金、钢以及陶瓷制品的清洁，所用原料基本在橱柜中都可以找到，并且是食用安全级别的。（如果没有，也可以直接去商铺购买，都不贵。）以下是需要准备的用品及制作安全无公害清洁剂的步骤。

净化空气

市面销售的空气清新剂通常含有致癌塑化剂、丙酮、丁烷等石油提炼物、香精、甲醛和其他有害成分。自己制作空气清新剂不但有益身体健康，同时还能为室内增加独特的芬芳气味。首先，把1盎司酒精（外用酒精、金酒或者伏特加）加入到喷雾剂瓶中，加半杯清水，再加20~40滴喜欢的精油。充分摇匀。根据你想净化的空间的大小，可制作混搭清新剂：温暖的气味，如香草、檀香以及橘子味，是非常适合卧室的味道；卫生间则可选择桉树、雪松或薰衣草来制造类似SPA的气味；活泼提神的气味，如薄荷和柠檬味，可用在厨房，闻起来干净清新；冬季寒冷月份要想在客厅营造舒适的氛围，喷上雪松、玫瑰和柚子制的清新剂可使人神清气爽，有夏天的感觉。想在新家（旧房子也可以）营造一个全新开始的氛围，抑或想标识出季节的更迭，可以烧些鼠尾草——采自花园或是从店中购买的均可。鼠尾草让人宁神放松，还能净化环境。可以将鼠尾草放在瓷碗或耐高温罐子中燃烧，传统上还可以放在鲍鱼壳中——不要让鼠尾草在燃烧过程中碰触到其他物质，造成危险。点燃后即可快速熄灭火苗，加热后的鼠尾草叶会释放出烟，以此净化空气。

最重要的五个成分·········

· 小苏打因其温和的天然碱性成分，成为全宇宙人皆知的最有效的清洁原料。此外，它兼具除臭功能，并能使油脂分解于水中。未完全溶于水的小苏打还可以用作进一步清洁、抛光的磨料。

· 白醋是较温和的酸，可侵入细菌表面杀死它们。用来做消毒剂可去除油脂，同时它也是除臭剂。（白醋强烈的气味会随着擦拭表面的干燥而消失。）

· 液体卡斯提尔皂是由蔬菜油混合制成，比如橄榄油、椰子油及荷荷巴油等。这种清洁剂可去除无法溶解的微粒（如油脂），然后直接用清水处理即可。

· 精油、香草、橘子皮有时也会起到些作用。如茶树油有抗菌成分，柠檬汁可以增强肥皂的去污力。不过这些物质的主要用途还是增加香味。

· 植物油（橄榄、椰子、荷荷巴）有保湿功效，用于皮质家具保养或涂在木砧板表面，作

Make Natural Cleaning Products

用就像你在脸上擦护肤品。

绿色清洁 ·········

天然清洁剂的用武之地。

卫生间

加半杯白醋在马桶中，等待约 15 分钟后冲水。再撒些小苏打清洗，马桶表面将异常光洁。

按照 1:3 的比例将肥皂和水充分混合，再加入小苏打制成喷雾，喷在浴缸、瓷砖、水槽表面，用小刷子摩擦，去除污渍。至于大理石等石材的或木质的地板，可用一茶匙卡斯提尔皂液与 4 升左右的水混合后清洁。

清洁镜子和台面的时候用白醋与水按照 1:1 的比例混合制成清洁剂。

对抗霉变，用两勺小苏打、1~2 滴精油与卡斯提尔皂液混合，得到一份黏稠的清洁剂。将其覆在霉变表面上，等待 15 分钟左右，然后用湿布擦拭干净。

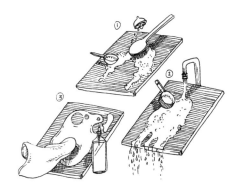

家务劳动

在地毯、宠物窝、沙发套等处撒上小苏打，15分钟后用吸尘器清洁，可以将难以去除的臭味一并清掉。在垃圾桶中加小苏打也有同样的除臭效果。

一杯水、一杯白醋、一茶匙橄榄油以及一点柠檬汁混合，放入抹布充分浸泡，取出后就可擦拭其他家庭用品。

注意：觉得白醋味道太呛，可加几滴精油缓解。也可加新鲜香料，如薄荷、迷迭香、薰衣草和百里香，放置几天后醋味会被稀释。

厨房

四分之一杯小苏打和两杯水混合，将食盒放在其中浸泡一晚，可去除臭味。清洁茶壶和咖啡壶，可以用四勺小苏打和四杯水混合制成专用清洁剂。如果将需要清洗的壶放入混合剂中泡一晚，效果会更好。木砧板上有污渍，先用半个柠檬榨汁加两勺盐，涂在上面，可擦掉污渍。之后用同等比例的水和小苏打混合，去除气味。擦干后再涂上橄榄油保湿。

-

Japanese Twisty Cleaning Brush

日式清洁刷

—

无论是地板还是水壶，这个刷子都可以轻松完成你的清洁需求。刷毛用椰子的棕榈纤维制成。制作者先采摘椰子，切成块状，晾晒去除水分，这个过程耗时约一个月。之后用机器将椰子壳和质地强韧的表面纤维剥离，再用金属线将纤维绑成小刷子。扭曲的形状可帮助你清洁一般难以触碰到的位置，如茶壶和高脚杯底部，而这些纤维自带的油脂还可防止器皿发霉、变质。你还可以用磨石打磨刷子来调整它的柔软度以适应不同用途。

种植有益健康的室内绿植

"室内绿植不仅是装饰品，还有强大的功能。它们不仅能让我们更愉悦、更健康，还能净化空气，吸收室内有害气体（挥发性有机化合物，也就是常说的VOCs），将被呼出的二氧化碳重新转化为氧气。多美好的循环！仅仅两小盆室内绿植就可以净化10英尺×16英尺面积的空间。现在就开始放些绿植在家中享受健康生活吧。"

———

斯蒂芬妮·巴特朗，SB 花园设计

Stephanie Bartron, SB Garden Design

园艺师的准则

室内绿植比较偏爱常温及较暖和的温度(50~80华氏度)。因此如果你所居住的地区比较寒冷，尽量避免把植物摆放在通风处或窗台上，也不要放在没暖气的房间内。这个准则同样适用于办公室和学校教室：对植物来说，没暖气的夜晚和周末会非常难熬。时常浇水也很重要，但浇得过多和不浇都不好。大多数室内绿植需要让表面土壤自然风干。可以用手指触碰土壤来测试湿润度。如果土壤以下一英寸左右仍然是干的，或绿植看起来有点发黄没生气，就是时候浇水了。

何时浇水 · · · · · · ·

绿植保湿需要一份浇水日程表，其中标明每周固定给每盆绿植进行深度灌溉的时间。(一些人说不要在晚上浇水，因为这会让植物土壤产生微生物和细菌，不过如果浇水的频率不高，每次浇完后都让土壤表面自然风干的话，晚间浇水倒不是什么问题。)

加入清水时，植物表面土壤需要全部浸湿——但注意不要让水溢出——并且水分应渗入土壤流向根部。(可轻轻拎起花盆检查水分浸透情况，健康的根部会从盆底的空隙中露出来。)查看底托，如果有溢出的水，可以将其倒给另一盆待浇的绿植。

很多室内绿植是热带植物，因此冰水会对它们造成伤害——当然开水也会烫死植物(这倒是个控制杂草生长的办法)。给小型植物浇水，可以放些冰块在其土壤表面，因为冰块融化的速度较慢，不会对植物造成损伤。这个方法通常适用于兰花，它不太需要浇很多水。至于其他植物，可用室温的水浇灌。

用过滤过的雨水浇灌可帮助控制盐分和矿物质，避免其在土壤中积存过多。有些绿植比较敏感，而自来水中含有大量的矿物质，使用过滤水就可以解决这一问题，并且这是非常好的回收水再利用的方法。(喝了一半的水想倒掉清空水壶，也可以用来浇花。)

如果夏天将绿植放在户外养，记住要用过滤后的雨水浇灌。这样可避免硬水中大量的盐分和矿物质对植物造成损害。

如果你有个蚯蚓农场或自制肥堆，每年一次给你的植物施几勺肥就行。

如果绿植看起来开始发黄但并非缺水的话，可尝试用温和的有机室内植物肥料来挽救(可到附近农场等处购买)，按照说明书上的指导来使用。

打造自己的绿洲

这些小技巧可帮你掌握不同种类室内绿植的养护方法。

Grow Healthy Houseplants

喜阳植物 · · · · · · ·

如果有个靠窗且阳光充足的地点，能让植物每天接触至少 4 小时左右的太阳直射，以下植物会是理想选择：

富贵竹
▲ ▲ ▲

虽然外形很相似，但这个植物其实并不是竹子（通常体积不小，会占据非常大的空间来接受光照，以致其他植物受光范围大大缩小）。购买时盆中一般都覆盖着鹅卵石，不过移除这些石子，换成土壤对植物会更好，还能延长植物寿命。每隔几日浇水一次，如果闻着潮气很重，就清空花盆，彻底清洁后让绿植自然干燥几日，再重新浇水。（干燥状态可防止细菌生长。）

芦荟
▲ ▲ ▲

每家都应有几盆芦荟，用来治疗烧伤和烫伤。这个小个子是极佳的室内植物，它并不需要太多阳光直射，且比较容易控制它们的生长规模，不至于长得太高大。夏天可将其置于室外，气温变冷（低于 50 华氏度）前搬回室内。像大多数多肉植物一样，每次浇水后都需等它完全干燥后再浇，每周最多浇一次水。芦荟通常会从根部生出新芽，可将成熟的芦荟叶掰下来使用，或分给朋友移植。

长寿花
▲ ▲ ▲

这种热带植物很常见，全年开花，花色鲜艳，品种繁多。保持湿润、适时将已枯萎变黄的花朵去除可延长花期。所有花朵都凋谢后，让植物休息一下（偶尔浇一次水），或降解后重新再种。如果希望年年开花，夏天时将其搬到室外，定期浇水（至少每周一次），每年三月到八月间，每隔两周施一些有机肥料。

喜阴植物 ·········

　　如果屋子无法接收阳光直射，但又不是完全黑暗（每天从拉开的窗帘或是全光谱灯等处能间接得到 4~8 小时左右光照），可以尝试种植这些植物：

黄金藤
▲ ▲ ▲

　　对喜爱爬墙植物的人来说是很好的选择，黄金藤会从篮子、架子顶端垂下来，比干枯的树枝美观多了。当藤蔓长得过长，尤其是长出新的根茎时，可进行修剪，使其保持合适长度。

　　想要种出更多黄金藤，可将最底端的叶子连同一小段茎剪下来放在水中养几周。生出新根后，重新种进土壤培植。定期浇水，把培育出的新苗跟朋友分享。

虎尾兰
▲ ▲ ▲

　　虎尾兰比其他植物更喜阴，所以如果担心屋子无法接收阳光，可以选择这种植物。它们耐受度强，只需每月浇透水一次即可。无论是哪个品种的虎尾兰（黄绿色叶子边缘或者全绿的品种），都非常容易成活。

吊兰

色泽光亮，绿色和白色纹路的叶子从花盆中垂下来时看起来非常漂亮。既可以放在平面上供养，也可悬挂起来。其茎会向下生长，开出小小的花朵，之后迅速长成另一株小吊兰。可以不去理会让其自由生长，也可从茎部剪下来，移入新的花盆中种植。拥有它们，你就永远不愁没礼物送给朋友了。

仙人掌和气生植物·······

像野生仙人掌一样，家养仙人掌冬天也需要冬眠。这意味着需尽量少浇水，避免阳光直射，但也不要放在太冷的地方，那样会冻坏它（最好是 40 华氏度或稍微再温暖一点的空间内）。想确保开花也不要在冬天施肥。（就好比夜里喝咖啡对休息无益。）夏天夜间温度高于 50 华氏度时，可将仙人掌置于室外培植。

气生植物喜欢全年都有稳定、明亮的光照。每隔一天，彻底喷一次水，或每周将其浸泡在室温的过滤雨水中一次。如果你想促使它们开花，就在水中加入些肥料。

常备工具箱

　　"我父亲是木匠监工，同时负责制作一些工具箱给工人使用，于是我很小就开始学习如何做木工活儿。我们会在车库中搞一些有意思的小工程。14岁开始，我就在专门做工具销售的商业网站打工了。制作定制家具深深吸引了我，因为这需要兼备熟练的工程技术和出色的设计理念，左右脑同时开动思考完成。"

——

肖恩·华莱士，格非物设计建筑公司

Shaun Wallace, Gopherwood Design/Build

收集工具

开始积累工具后，工具箱本身就是装备的重要核心。确保所选工具箱既具备收纳功能，还有一些分层，每件工具都能有其专属位置，既好找也好拿。选择好工具箱，认真阅读以下这份清单内容。这些是最常用的十种日常工具——不必一次性集齐，可以根据每次的工程需要认真选择并购买一些高质量的工具。工具收集本就是一项长期工程。

羊角锤

这种锤子可用于几乎全部家庭修理工作，从挂画到专业木工活儿甚至更复杂的项目。可先购买 16 盎司重的羊角锤使用。木制手柄手感会非常好，除非是极其复杂的拆除工作，羊角锤基本能胜任所有任务。购买之前，要仔细检查锤子的平衡性，确保既不太沉也不太轻。

螺丝刀

一字螺丝刀有个扁平刀片用来装卸一字螺丝，是工具箱中的必备之物。它可以撬开卡住的油漆罐盖子，或辅助你做其他家务活儿。除了一字螺丝刀，还有专门用来装卸十字螺丝的十字螺丝刀。

螺丝刀的刀头尺寸、手柄长度各不相同，每种螺丝刀的重量和平衡点也有细微差别，请购买你最合手的类型。为避免占用太多工具箱空间，也可购买万能螺丝刀，通过更换不同尺寸的刀头来满足不同工作需要，更换下的刀头一般可置于手柄中储存。

活动扳手

扳手种类很多，不过购买一把活动扳手就可以满足日常的基本需求（尤其适用于管道相关作业）。活动扳手有偏移头，可调节后用于松紧各种尺寸的螺母和螺栓，是个万能的好帮手。

卷尺

最好选择金属材质、约 16~25 英尺长的卷尺。卷尺宽度有很多种（从 0.5 英寸到 1 英寸不等），宽些的比较适合手握。卷尺基本可满足家庭测量的全部需求，如测量窗帘的长宽，以及丈量新沙发是否可从楼梯、门口顺利通过移至客厅中等。

水平仪

这个简单的小工具，可以毫米为单位进行校准，无论是悬挂画框还是平面电视，它都能起到辅助作用。（没有它的话，你的眼睛可能会被凸起的地板和不平的天花板欺骗。）此外，3~4 英尺长的金属水平仪，也可以当作直尺来使用。

锯

具有最基本功能的钢锯可满足小型木工活儿的需求。钢锯是稳定且锋利的工具，可用来划开薄木板、塑料及金属。多数家庭木工活儿可用标准高压锯完成，它框架坚固、刀片强度高，易于使用。

钳子

特别是尖嘴钳，适合将卡在缝隙中的物品拔或者拽出来。

选购一把可调节的尖嘴钳，可以用它来进行固定和切断金属丝等操作。

工具刀

它是一体化、多功能的实用小工具，可以用来削铅笔、拆开快递包装，甚至剪裁面料。购买可折叠的多用工具刀即可。

无线电钻

事实上日常生活用到电钻的频率非常高。好的无线电钻可用于打孔、钻螺丝等等。

有些种类的钻头还可以做研磨、抛光、搅拌等简单工作。

Stock a Toolbox

其他必备品

还可在你的"百宝箱"中放些其他实用工具：砂纸，胶带（如遮蔽胶带、管道胶带、电气胶带），不同型号的钉子，不同种类的螺丝，固体胶（如木胶、多功能乳胶、万能胶），工作手套，抹布和护目镜。

挂画用的工具套装，包括挂钩和金属线，这些也都是装修中可能使用到的。

TOOL OF THE TRADE

-

Solid-Steel-and-Leather Hammer

—

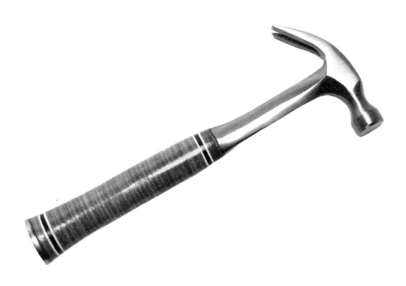

皮饰手柄钢锤

这把小钢锤可轻松完成钉钉子、拔钉子等工作。全手工打造的 16 盎司重艾斯特文牌（Estwing）钢锤简直是工具箱中的超级英雄。市面上大多数锤子是由两部分拼合制成（锤头和手柄分开制作），但这款产品则是用整块钢打磨制成。在手柄处包裹上涂漆皮料，便有了这款减震、耐久、平衡感绝佳的小工具，可以解决各种日常家庭维修需求。

家庭花艺

"鲜花的姿态由其自身的生长决定。在某个阶段,你需要退后,让其自由生长,给予其全部的信任。最终结果并非总是你希望的样子,但这正是这件事的美妙之处。造物的无常性也能使你放松、大胆去创造。每次都面对着新的'调色板'、新的花束,每一次都是一个崭新的开始,这就是花艺的乐趣所在。"

——

丽萨·普利茨施塔普,杰姆斯女儿花艺网

Lisa Przystup, James's Daughter Flowers

盛放

学习花艺是玩转色彩和花朵素材搭配的过程。如果不做花艺你可能永远也关注不到这些美的细节：茎的线条、花朵的姿态，以及每朵花之间的细微差别。以下是花艺制作过程中需要注意的事项。

关于预算

在使用昂贵的进口花制作作品前，先用价格低廉的花朵练习插花是一种明智的安排。可以用本地花店买得到的简单花束搭配极其漂亮或稀有的昂贵花朵来平衡开支。康乃馨、玫瑰和菊花都是很好的打底花，能与多数花朵搭配，并且很容易在市面上找到。

需要准备 · · · · · · · ·

可以盛放 10~15 朵花的中等大小花瓶。

可围出 5 英寸 × 5 英寸面积的细铁丝，或者足够围出一个能贴合花瓶内壁的圈的长度。

夹子。

Step 1 · · · · · · · ·

将铁丝围成一个足可以深入花瓶底部的圈。这样可以使花朵插入后不松散开。铁丝圈尽量围得松一些，使花插入瓶子时，花茎可轻松通过这个圈。在花瓶中注水。如果是透明玻璃花瓶，可能需要将线圈用胶带封在瓶口，这样从外观上就看不见它了。

Step 2 · · · · · · · ·

用绿色植物组成不对称的基本造型，然后将主花（3~5 朵左右）加入。完成后加入辅助配色的花朵，使花团看起来饱满，突出主花——

也可全部混合在一起,呈现出花团锦簇的效果。假如不是很满意最初效果，旋转花瓶，再从另一角度观察。换个角度审视花艺作品时，经常会有意外惊喜，作品会呈现出另一种效果。

Step 3 · · · · · · · ·

建构层次。比如,把某一朵花茎留长一点，另一朵短一些；将短茎花排在长茎花后面，隐藏住茎部。花艺制作没有所谓的捷径和定律。很多漂亮的花艺作品都有留白的空间和不规则的花茎分布。诀窍在于让观者的视线保持运动。整体布局应呈现一种自然流畅的态势，让作品在视觉上显得生动有趣。

*Make
a
Floral
Arrangement*

Step 4 · · · · · · · ·

如何确认花艺作品已经完成了？如果你开始过分纠结于效果，就是时候走开了。

保鲜 · · · · · · · · ·

处理极易腐坏的鲜花并没有可延长花期和新鲜度的魔法。不过，以下几个小窍门可确保花朵枯萎凋谢速度减缓。

· 用锋利的剪刀修剪花茎。钝的剪刀会损伤花茎，因此花朵也就无法顺利通过茎汲取足够的养分。将茎尾部剪出一个斜角，这样暴露出的表面增大，可加速花朵水分的吸收。别忘了也这样修剪一下绿叶。

· 将花朵置于阴凉处，避免阳光直射。

· 有人主张在水中加入漂白粉或雪碧来延长花朵的生命周期，不过我们更推荐用每天换水这一更简便（且自然）的方法。

TOOL OF THE TRADE

-

Royal Sussex Garden Trug

皇家萨塞克斯花篮

—

这件来自英国的手工制品诞生于 1829 年，它的原型是一种盎格鲁－撒克逊人的传统木篮。直到 17 世纪中叶，农民们都在使用那种笨重的船形木篮。1851 年，维多利亚女王在伦敦的万国博览会上发现了这款新产品，并亲自下了订单，使其从此带上了皇室认可的标签。直到如今，这个篮子的材质和制作过程均未发生改变。用坚实耐用、抗腐蚀的栗子木做成手柄和篮子的包边，连接处用铜螺丝固定。用它采集完花园里的绿植和鲜花，挎在手肘上并不会觉得很沉，就这样直接放在桌子上作为桌花装饰也是非常不错的选择。

装裱及悬挂艺术品

"装裱插画、油画、卡片、照片或其他对你有特殊意义的物品是对其表达敬意的一种方式，也是把一张纸升级为一件艺术品的过程。画框可看作是一个档案夹，将你的纪念品安全存放，防止它折皱、卷边或因年久而磨损。选择画框是非常主观的事情。我个人偏爱简单的黑檀木画框，适用范围广泛，每件作品都能被它衬托成人们关注的焦点。不过，我还有一些版画和涂鸦作品存放在镶金边的巨大画框中。你大可相信自己的审美，尽情发挥想象力进行装裱。"

———

艾米·乔·迪亚兹，*产品设计师*

Amy Jo Diaz, production designer

寻找遗失的艺术

如果你决定去商店购买现成画框，我们建议到二手店或古董店寻找些经典款式的，它比人造仿木的画框有个性得多。你会惊讶地发现有那么多精致的画框正在街角默默憔悴。找到合适的画框准备悬挂时，请按以下基本步骤操作。

需要准备 ·········

· 准备悬挂的作品

· 一个配有玻璃罩的画框

· 剪裁成和玻璃罩同等大小的纸板（最好用无酸纸，一般美术用品商店中都能买到。）

· 美工刀（假如需要手工裁剪纸板的话。大多数画框供应商会提前裁剪好合适尺寸的纸板，不过美工刀不贵，常备一把也无妨。）

· 美术胶带（最好是无酸胶带，在美术用品商店可以买到。）

· 几颗 0.5 英寸的图钉

· 锤子

· 直尺

· 螺丝刀

备选工具 ·········

· 美术纸和胶棒（用来糊住画框背面）

· 挂画用的棉绳和 D 形钩（如果购买的画框未配有这些附件）

· 涂料（如果需要给颜色脱落的位置补色）

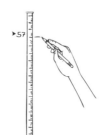

墙的魅力

悬挂美术作品时，如何设计摆放位置？不必担心不同尺寸、形状的画框都混在一起，可以把三到五个画框排成一组摆放（奇数的效果通常很棒）。如此一来，家里的收藏品会显得非常丰富，种类多样。不需要精确计算每幅画框之间相隔的距离——目测一下就行，全部挂好后还可进行微调。选择展示的作品时，要相信自己的直觉，不要统一用一种风格的作品，这样看起来会非常古板单调。比如将照片和插画放在一起，油画和木雕放在一起，刺绣作品和镜子放在一起就很好。只要是你自己选择并喜欢的作品，就算是极为个人化的风格，看上去也可能是浑然天成的。

步骤••••••••

1. 首先把玻璃罩和木制框架擦拭干净。自然晾干后再开始装裱。

2. 将纸板和作品叠放。有些人喜欢把作品放在大尺寸的纸板上，四周多留出一些空白，使衬在周围的纸板看起来像是作品的另一个画框。也有些人喜欢将纸板切割出与作品尺寸相同的窗口，然后将作品置于纸板背后。假如想自行裁剪纸板，可以在美工刀和直尺的辅助下，切割出合适的窗口。也可以试着将作品置于恰好能压住画边缘的框内，视觉上给人以突出、抢眼的效果，不用纸板留白来隐藏艺术品的锋芒。（之前提到过，可以请画框零售商帮忙预先把纸板剪裁成需要的尺寸。）

3. 把艺术作品置于纸板上或纸板背面的中心。专业的装裱师傅会将作品置于纸板中心位置，但在底部比顶部留多一些空白，这也是专业画廊的标准（当然不必须如此）。

4. 把作品置于中心位置后，使用"铰链"技术来装框，这样可防止损毁作品。（注意：这种方法仅适用于从纸板背后裱画的情况。）将裱纸和作品同时翻转朝下，确保作品仍处在纸板中心位置。取 4 英寸长的胶带，贴在作品左上角（粗略估计覆盖 2 英寸左右的作品边角），再与纸板粘上。右上角重复此动作，取 4 英寸长的胶带，贴在作品右上角并与纸板粘上。现在两块胶带均已粘好，形成一个"铰链"。为加固作品，在两侧垂直方向上再沿着画的边缘平行粘两块胶带。这个方法能最低限度地粘贴作品，兼具透气性，使其不易腐坏。（鉴于此，不要把整幅作品全部用胶带封死。）

5. 现在把玻璃罩放入画框，尽量不在上面留下指纹。覆上作品和纸板。四边对齐卡住后，用锤子在四角钉上 0.5 寸长的图钉，确保画框的稳固。

备选方案：你也可以用美术纸覆盖画框背面，在很多美术用品商店都能买到它。将美术纸剪裁成合适大小，用专用胶水粘好。如果你的画框需装新挂绳，用螺丝刀将两个 D 形钩水平固定在画框背面后再悬挂即可。挂绳在 D 形钩上多绕几圈，确保稳固、安全。

悬挂艺术品的科学

如果装裱是门艺术，那么挂画就是门科学。悬挂之前，仔细观察这幅作品的尺寸、定位、重量以及高度。总之，要让大家看到作品时眼前一亮。

需要准备 ·········

· 装裱完毕的艺术品

· 锤子

· 水平仪或量尺

· 可以挂住画框的钩子

规则 ·········

一颗钉子可承载的重量大约为 30 磅。两颗钉子大约可承重 50 磅。

如果作品非常大，超过 50 磅，就需要三颗钉子。

一般来说每幅作品至少需要两颗钉子，悬挂起来后才会比较稳固。

备选工具 ·········

· 建筑用纸

· 美术胶带

· 图钉

步骤 ·········

1. 在固定钉子和钩子的位置前，有一种方法可帮你决定悬挂的位置。首先裁出一张和艺术品一样大小的建筑用纸，想象出你想要的效果，用图钉和胶带将纸固定在墙上。后退几步。这样悬挂看起来如何？调整纸的位置，测量高度，最终平衡后再开始正式悬挂。

2. 悬挂比较重的作品时，轻敲墙面找到最坚固的位置，可为作品提供足够的支持力。如果听起来是中空的声音，说明此处墙不够厚实；反之，厚重的声音则说明是比较理想的悬挂面。（也可以使用墙面探测器来确认位置。）

3. 测量后在墙面上标记出位置点，靠近墙骨柱，作品中心点距离地面高约 57 英寸——目测一下即可。也不要太执着于标准规则，将作品挂在喜欢的位置就好。

4. 在墙上钉上挂钩，水平距离相等，高度一致。如果作品较重，确保钉在稳固的墙面上。可用水平仪和量尺辅助测量挂钩的位置。

5. 把艺术品挂在挂钩上。后退几步，审视效果，现在就开启家庭艺术画廊之旅吧。

制作蜡烛

"我很享受重在过程的艺术创作。制作蜡烛让你可以尝试各种实验性的创意，因为蜡是非常有表现力的素材。对我来说，这也是一种传递积极情绪的艺术形式。赠予他人光之礼物，非常有意义。"

——

温蒂·波利士，水之火蜡烛公司

Wendy Polish, le Feu de l'Eau

指引之光

五千多年以来，为了满足各种使用需求，我们一直在制作这小小的火烛——先是为了照明，后来则是烘托气氛。所有蜡烛的照明原理都很相似：点燃蜡，蜡熔化成为油后浸泡灯芯，再借由蜡油点燃灯火。烛用蜡成分通常不是植物油就是动物油，但我们这次介绍的方法使用的是传统的蜂蜡，它燃烧不仅清洁，而且发出的光自然温暖，蕴含蜂蜜的香气。

采用下述做法，一磅重的蜂蜡大约可制作四盎司的蜡烛，你可以多准备些蜡以多制作一些。

需要准备 ‧ ‧ ‧ ‧ ‧ ‧ ‧ ‧

· 一磅重的蜂蜡块

· 打磨锋利的小刀或菜刀

· 棉线或预先做好的灯芯

· 双面胶带

· 一次性方便筷（或者其他可用作搅拌棍的东西）

· 两个大玻璃杯

· 双层蒸锅

· 可按个人偏好选择玻璃或金属容器（传统的食品保鲜罐，循环利用的果酱罐，或者任何可盛放熔化蜂蜡的耐热容器。）

注意：假如你不希望珍爱的炊具被蜡裹住，可在蒸锅中放置一个空咖啡罐来熔化蜂蜡，或者直接购买专门用来熔蜡的锅。

· 精油（比如可用薰衣草、迷迭香或香柏精油来增加气味。选择添加。）

Step 1 ·•·•·•·•·

将蜂蜡切成每个边长约 1 英寸的小块。

Step 2 ·•·•·•·•·

点微火（125 华氏度左右）在蒸锅中熔化蜡块。其间用金属勺或木勺搅拌几次。注意，蜂蜡很难清理，所以不要使用太名贵的勺子，这样即使扔掉也不会太可惜。制作香薰蜡的话就再加入几滴精油。

Make Candles

Step 3 ·•·•·•·•·

准备好蜡烛芯和盛放器皿。如果使用事先购买的蜡烛芯，只需用双面胶将芯线的底部和蜡烛容器底部粘在一起就可以，注意蜡烛芯的高度要超过容器高度一些。如用棉线自制蜡烛芯，则需先将其放在熔化的蜡液中，然后迅速取出，让棉线的表面附上一层蜡衣。静置冷却，再按照前述步骤，用双面胶将芯线的底部和蜡烛容器的底部粘在一起，注意蜡烛芯的高度要超过容器高度一些。轻轻地捏住芯线保持竖直，将高出来的芯线绕在搅拌棒上。

Step 4 ·•·•·•·•·

用两个大玻璃杯帮助芯线始终在容器中保持垂直状态。将搅拌棒横过两个玻璃杯顶端，把芯线缠在搅拌棒下确保稳固。这样做可以使芯线在蜡烛容器中心保持直立状态。可将器皿放在案板上或隔热垫上，避免台面被烫坏。

Step 5 ·•·•·•·•·

蜡块完全熔化后，小心地将其倒入（注意，刚熔化的蜡非常烫）容器中，过程中避免蜡液飞溅出来。慢慢地，有条不紊地倒入，差不多填满容器。记住，蜡在冷却后体积会收缩。

Step 6 ·•·•·•·•·

将蜡烛静置冷却一夜，然后把缠在搅拌棒上的芯线拆开（如果之前用胶带固定的话，拆掉上面的胶带）。

掐掉多余的长度，芯线保持比蜡烛顶端高 0.5 英寸左右即可。现在可以将蜡烛展示给朋友们了。将蜡烛分享给朋友作为礼物，或下次聚会时放在餐桌中央作为装饰，他们会对你刮目相看。

-

Polished-Brass Candle Holder

铜制蜡烛托

—

假如你制作了茶烛大小的蜡烛（这种蜡烛的模具很容易找到），可以将其放在这个抛光铜制的蜡烛托中，铜面会精巧地反射出烛焰温暖的光，极为美妙。这个小容器由有着四百多年历史的瑞典黄铜铸造厂制作，将为房间增添温暖，也为你的自制蜡烛作品添彩。

保养木制家具

"我自孩童时期便开始与树木打交道,将木头用小刀削成碎片,在北卡罗来纳的山间生篝火。我会将树皮剥下,按照木头本身的形状进行修饰。从不强行改变木头原本的模样。现在制造家具时,我仍然遵循此原则:使用的每块木板都带着它独特的个性和历史。木头对我的影响恐怕比我对它们的改造还要多。"

——

凯茜·迪兹尔兰加,迪兹尔兰加家具设计公司

Casey Dzierlenga, Dzierlenga F+U

顺应天性

　　无论是午后阳光映射下闪耀光泽的松木地板，还是在壁炉旁熠熠生辉的核桃木椅，木制家具都会给家带来特别的美感与温暖。保养木制家具首先要辨识这些木头的种类：比如柚木需时常上油，核桃木只能用柔软的棉布清洁。（如果不确定家具的木材品种，可浏览 wood-database.com 网站，查找相关资料。）弄清是哪种木材以及它们的特性后，只需注意以下几个比较简单的事项，然后从用棉布轻轻擦拭你的木制家具开始。

Care for Wood

尘土永存 ·····

　　建议每周对所有木制家具做一次除尘。即使是微小的灰尘，都能对木制家具的饰面造成刮伤。棉布或羊毛掸子是最有效的除尘工具。如用后者，记住要轻轻掸土，羽毛的羽轴有时也会刮伤木饰面。

　　当然还可尝试用粘尘布，这种布在五金店或美术用品店能够买到。粘尘布表面有吸附性，可将尘土粘走。

彻底清除 ·····

　　肥皂水就能把木制品上的尘土清除。在水池或温水中加入一瓶盖清洁剂，沾湿棉布，迅速擦拭木制品表面，不要让水浸入木头深层。之后再用干布擦拭干净。

处理印迹 ·····

　　想去除咖啡桌和餐桌上的水渍和污迹？可用温和打磨的方法。加一茶匙小苏打到一杯水中充分混合后，再用其擦拭桌子就可轻松解决这个问题。另一种办法是把蛋黄酱涂在干棉布上，在有污渍的地方打圈擦拭。（纯植物油因干燥速度快，会在木制家具上留下印记，但蛋黄酱可起到保湿作用，减缓植物油的渗入。）

　　假如桌子上过蜡，还可尝试加热的办法：将一块干燥柔软的棉布铺在有水渍的位置，然后把电熨斗调至中等热度。轻轻熨烫棉布同时慢慢移动，每次约 10 秒，不时停下来查看效果。加热能使困在表层蜡中的水迹蒸发掉。

试试松香水 · · · · · · ·

至于非常脏的木制家具，可在大多数五金店买瓶松香水试试。一点松香水就可去除非常顽固的油脂和污渍。

把棉布抵在瓶口，倒置瓶身，棉布吸收松香水膨胀后再用它以打圈的手法擦拭家具。如果偏爱纯天然清洁剂，可用一勺橄榄油、一勺水与一些柠檬汁混合后涂在棉布上清理家具。

重现光泽 · · · · · · ·

假如希望增加光泽度，可以按以下基础抛光技巧操作。购买专为木制家具生产的温和抛光剂，按照说明书使用。千万不要用带磨砂成分的喷雾及含硅成分的抛光产品，这些都会对家具造成不同程度的损坏，尤其是硅，会直接被木材吸收。

添加保护层 · · · · · · ·

每半年为家具加做一层保护。我们推荐常用的蜡，主要成分为蜂蜡，能帮助木头增加耐受性，抵御划痕和污渍。

如果家具比较脆弱，试试无酸微晶蜡（不过比较昂贵，且不太利于环保）。先全面清洁家具表面，自然干燥。然后取两块棉布，一块用来为木头上薄蜡，另一块抛光。这可是件体力活！

不要太热 · · · · · · ·

无论何时，都要尽量避免木制家具受太阳直射或者靠近暖气。热量将会摧毁家具饰面，也会使木头干燥、缩水，最终变脆。如果你生活在气候比较干燥的地带，我们建议你冬天使用加湿器。

-

Beeswax Wood Care and Finish

蜂蜡保护剂

—

怀俄明州的文森特·史基德莫（Vincent Skidmore）1987年发明了这款产品，专为木匠和手工业者设计生产。用这款手工蜂蜡保护剂为新的木制家具涂上保护膜，能使其看起来光亮柔和。它不仅能用于家具抛光，还能用于木制地板和船甲板（或红木桑拿浴盆）的保护；去除白斑和水渍，温和清洁，让木材表面重现光泽。

打造草本小药箱

"对人类来说,治病的方式有很多种,植物也一样。治病,取决于植物中化学成分的特定特性,以及从土壤中提取的养分和矿物质。植物,尤其是香草,许多都有药用价值。并且其从化学成分、叶子纹理、花朵颜色到种子和根,还提供给了我们许多治疗技术的参考。"

——

梅琳达·乔伊·米勒,香巴拉学院

Melinda Joy Miller, Shambhalla Institute

对抗病痛

以下是简单的家庭小药方。这些都是使用传统的药物,祖祖辈辈传下的配方。用来自你花园、厨房中或是冰箱里的植物,就能缓解日常的病痛。记得在使用配方药物前,确定自己不对其中的成分过敏。

刮伤,割伤,烫伤·········

很多天然药物都可用来处理刮伤和烫伤,其中薰衣草精油是最常用、最有效的配方。它不仅能抗菌、防腐,还能起到舒缓皮肤的作用。

涂抹方法:用棉球蘸取几滴精油(多数健康食品店有售),直接敷在刮伤的部位。薰衣草能愈合伤口,减少痛感。

家中也最好养盆芦荟,以备不时之需。刮伤、割伤或烫伤可以用它来治疗。掰下芦荟叶(外面的叶子生长时间最久,因此含有更多的氨基酸胶质),切成两半,刮出里面的胶质直接涂抹于患处,可以迅速起到舒缓疼痛和降温的效果。

另一种治疗晒伤的常用方法来自于每天食用的土豆。

"爱达荷""红色幸福"等品种均含有丰富的淀粉,可用其缓解暴晒导致的皮肤问题。

取两三个生土豆,洗净剥皮磨碎后放入碗中,加水。然后直接将混合液涂抹在晒伤位置,晾干,之后洗干净皮肤即可。

胃痛

事实上，市面销售的胃药的主要成分肯定能在你的厨房或冰箱里找到。苏打粉或者小苏打中的碳酸氢盐能与胃酸发生反应，有助于缓解胃痛和消化不良。在一杯温水中加一茶匙小苏打，直接喝下即可。

把新鲜的姜片或一把鲜薄荷叶加入热水中制成茶饮，也有同样疗效。调味品也是缓解胃痛的良药。在一顿大餐后嚼点生茴香籽可帮助消化。

皮疹或其他皮肤炎症

有种烘焙用品是缓解皮疹和皮炎的天然良药。如果生了疹子，将同等比例的小苏打和白醋混合后直接敷在患处就可见效。让混合物在皮肤上自然风干，再用温水清洗。不要用热水，否则会进一步刺激皮肤加重症状。

缓解瘙痒或红疹，可尝试洗温水澡的办法。在浴缸中加半杯生燕麦（包在屉布中避免颗粒堵住排水口）、一勺小苏打和两杯白醋。躺在浴缸中放松，让三种材料相互作用，滋润、舒缓你的皮肤。

喉咙肿痛，咳嗽

如果感到喉咙肿痛，还会不时咳嗽，那么蜂蜜和大蒜的组合便是很有效的药物。蜂蜜本身具有抗菌消炎疗效，是通用于多种场合的天然药物。大蒜具有抗病毒、抗真菌的功效，也是抵御咳嗽、感冒和流感的强力盟友。先剥好3~4瓣新蒜，将蒜瓣和蜂蜜混合放置一夜或12小时左右的时间。服用蜂蜜大蒜糖浆，每天两次，一次一茶匙，直到咳嗽消失。

另一种有效对抗咳嗽和喉咙肿痛的办法是用盐水漱口。加一茶匙盐（天然海盐最好）到一杯热水中搅拌，充分溶解。用其漱口——不要吞咽，因为盐可能刺激胃部。每日隔几个小时重复一次。

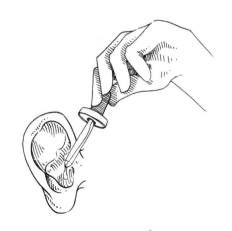

Make Herbal Home Remedies

耳痛 ••••••••

最简单的办法是用几滴热橄榄油来治疗耳痛。先将半杯橄榄油低温加热到可用手触摸的适当温度，不要过热。油温热后，用滴管取几滴橄榄油滴入耳朵。油可帮助舒缓鼓膜内的炎症并冲走黏液，这些通常正是引发耳痛的罪魁祸首。

头痛 ••••••••

治疗头痛的最佳方法是喝热水。缺水通常是导致头痛的元凶，所以当出现头痛症状时马上喝一两杯热水就可能缓解症状。

如果还是无法摆脱症状，可尝试另外一种简单办法——家庭蒸汽法。烧开一大锅水，加入一把新鲜香草，如薰衣草、迷迭香、薄荷和罗勒。可以选几种混搭，也可全部混在一起，有缓解充血的功效。加入香料后，关火，把锅中的水倒入保温碗中。在脸上盖条毛巾，贴近碗口，距离约7~12英寸。（开始时蒸汽非常烫，可用毛巾半遮住头部。）深呼吸。吸入蒸汽，持续10分钟左右。按需重复该步骤。

FOUR

Gardening

–

园艺篇

如何

–

建一座蔬菜花园

"自给自足的生活方式将人们和土地联系在一起，有助于滋养身心。每次播下种子，看着植物抽芽、长成喂养我的食物的这一过程，我的心中都充满谦卑和敬畏。花园劳作也给我们以诸多教诲，比如做事要有耐心、失败比成功更能给人启迪。现在，就用双手轻触土地，展开我们的花园故事吧。"

——

劳里·克朗茨，洛杉矶艾迪宝花园

Lauri Kranz, Edible Gardens LA

成长的投资

清理一块用于果蔬种植的土地，是花园劳作中最让人身心愉悦的事情之一。选好位置，开始翻土动工吧。以下是步骤详解。

Start a Vegetable Garden

位置，位置，位置············

在花园种植蔬菜时，最需关注的两个方面是阳光和土壤。选择每天阳光照射最充足的位置来播种。每日三四个小时的太阳直射，有利于绿色蔬菜生长，比如莴苣、菠菜、甜菜、羽衣甘蓝，还有香草。相对而言，番茄、茄子、玉米、南瓜、胡椒等作物则需要每天五小时甚至更长时间的阳光直射才能成熟丰收。

给作物一点恩惠············

选择好位置后，还需要注意土壤的土质。打造苗床是从根源上确保土壤健康的好方法。可以在已种植过作物的土壤或人造景观地上铺设苗床。

如果选择景观地，至少要将苗床铺至18

永续农业的生态学艺术

将"永续（permanent）"和"农业（agriculture）"两词放在一起创造出的新名词"永续农业（permaculture）"，最早诞生于二十世纪七十年代，用于描述一套对自然资源富有实践性、综合性和整体性的处理方式。换句话说，就是与自然共生，而非对抗。比如，果蔬花园应该仿效自然森林的结构，这片土壤中还应零散分布些多年生植物、灌木、水果及生长在地表的梅子等作物。学习如何整合人工与自然的土壤环境不仅是一个园艺问题，也是一个贯穿你生活的问题。以下是三点注意事项：

· 由它去
比起规划整齐漂亮的公园或城市灌木道路，永续农业看起来更像是无序乱种。不过大自然自有其精准复杂的方式来控制虫害及阳光供给，你需要做的只是观察和学习。

· 换个角度
尝试新的种植方式。播种过程中，与其沿直线撒种，不如选择曲线播撒，这样更易促作物成熟丰收，而不是让花园充满某一特定作物。扇形播种可为作物防风、防止土壤腐蚀，作用就像阳光角（suntrap）一样，且无须在没有种植的地方进行除草。

· 从一点一滴开始
逐步实施。目的是最大化地减少人力介入，混种作物时，尽量使用天然肥料，积存并使用少量的水以取代大面积灌溉。大自然的分配已臻完美，你只需从旁呵护即可。

英寸厚，使作物的根在生长过程中有足够的空间延伸和成长。铺苗床时，最好全部使用有机土。在最上面一层添加可降解肥料，帮助种子发芽，浇水灌溉时还能滋养土壤本身。

在已经种植过作物的土壤上重新播种，苗床约 12 英寸厚即可。在约 6 英寸左右的位置调整一次下方土壤，操作手法可参考约翰·杰文斯（John Jeavons）在其著作《如何种植更多蔬菜》（*How to Grow More Vegetables*）中建议的双掘法。这套方法的基本思路是把花园的土壤和肥料像做千层面一样铺设，让土壤最大限度地汲取养分。（双掘法也适用于不铺设苗床直接在土壤中种植的情况。）

材料的选择·········

使用没加工过的木材（最好是松柏木或杉木）。处理过的木材有化学成分，可能渗入土壤，直接影响作物，最后被人食用。

TOOL OF THE TRADE

-

All-Natural Soil Conditioners

纯天然土壤肥料

—

使用动物的粪便作为肥料已有好几百年的历史了。用有机肥料耕种土壤，可帮助土地汲取养分，保存水分，使其更加肥沃。假如后院没有养牛，没有粪便这种肥料来源的话，这款纯天然土壤肥料便是理想的选择，它可以供给室内和室外的作物养分，没有任何有害的化学成分。产品来源于放养的食草动物如牛和马，并且经过干燥，所以不会像新鲜的粪肥那样。它几乎没有气味，也不会灼伤娇嫩的叶子。把产品（也称"粪茶"）浸泡在 5 加仑水中 1~3 天，倒入水罐中，浇在作物上，就可以静待作物苗壮成长了。

种植番茄

"亲手种植蔬果不仅能带来极大的自我满足，加深你与世界的联系，让你有机会专注地完成某件事，更能确保食物的美味。你真的可以品尝出每一寸细心呵护的土地反馈给你的甜蜜味道。"

——

莉兹·索尔姆斯，香蕉树顾问公司

Liz Solms, Banana Tree Consulting

番茄，种还是不种？

人人都可以种番茄。它耐寒、食用范围广、美味，且只需一点点空间和充足的阳光便可以苗壮生长。是否有肥沃的土壤或大花盆，这些都不重要。

开始·········

我们建议，不要选择种子，而选择好的番茄苗作为种植的开始。番茄苗的耐受性决定了移植种植法会更易成活。

可去附近苗圃或农场里购买一株好苗子。注意选没有开花或结果的，比较青涩、生长时间不长的苗移植时更易适应土壤。

番茄的种类众多，有小而甜的，也有大且汁水丰富的，所以事先要想好种哪一种番茄。果实收获后是用来炖、炒、做罐头，还是放在沙拉里调味？根据自身食用需要来种植。

喜欢阳光？·········

无论是室内还是室外，要确保番茄苗在温暖、光亮的地方，每天尽量保持 10 小时左右的阳光照射。

如果你没有朝南、能接收充足光照的窗子，可以打生长灯，并在容器底部放一个加热线圈温热番茄苗。太少的阳光和过低的温度都会使番茄虚弱而长势缓慢。

翻土·········

不论是在花园中还是在器皿中种植，最好的方式是将有机土壤和肥料充分混合。为每株幼苗挖出一个大而深的洞，使番茄根系可以随着生长充分延伸。在洞的底部放入肥料。可以加入骨粉或一勺泻盐，这些物质中均含有番茄生长所需的镁元素。将番茄苗放入洞中固定，用有机土掩埋，直到幼苗最低处的叶子恰好在土壤表面上。轻轻拍实，挤压出多余空气，用水浇透。

如果种植的幼苗很多，每株幼苗之间需间隔 2~4 英寸，这样它们的根部才能都健康顺利地生长延伸。

番茄的生长速度快，长势迅猛，需要一些东西来支撑茎部生长。一根 6 英尺高的木棍可以满足大部分品种番茄苗的生长需求，当然搭生长架也不失为一种选择。（如果在生长过程中再放木棍的话，可能会对根系造成损伤，所以要早些插入木棍。）在番茄苗的生长过程中，轻轻用绳子或园艺胶带将主茎固定在木棍或生长架上，使其保持向上生长。

一英尺宽，番茄就可以生长。确保排水孔畅通，水可以浇灌到每寸土壤，然后，顺着排水口流出去。

浇水········

每周给番茄浇一次水——在干燥炎热的夏季则需多浇几次水。水直接浇在土壤上即可，不要浇在叶子上，否则，会使作物发霉并且传染病菌。

再见啦，冗叶杂枝········

番茄生长过程中，还要注意修剪茎叶。将多余的茎叶——主茎和花茎之间小且不会发芽的茎叶——处理掉。无用的茎叶越少，就有越多的养分可以转移到即将成熟的果实中。番茄成熟后，为了促进下一轮生长，可在茎干底部土壤中加入一些有机番茄养料（网上或者很多农场中都能买到），修剪顶部的叶子也会帮助番茄长得更好。

如果将番茄苗种在器皿或苗床中，也可使用相同的种植方式。越大的器皿或苗圃能产出越多的番茄果实，不过这些耐受植物在小块土壤中一样可以生长。只要你的容器有一英尺深、

享受劳动果实········

当番茄开始结果，不要急着采摘。等到藤蔓和果实全部熟透，颜色饱满之后再摘是最好的。之后可以腌制、油炸、做罐头、烹煮，或者加把盐直接吃掉。完美！

-

Handmade Picking Baskets

手工编织的采摘篮

-

番茄成熟时，挎个帅气的篮子去采摘吧。这款实用的篮子在新罕布什尔已有超过一个世纪的制作历史，水曲柳编织的篮体非常结实，手柄则用山羊皮制作而成。不存放新鲜作物或谷物时，还可以用它来盛放毛巾浴巾等家居用品。

控制花园虫害

"我们都是生命这张大网中的一分子。我在养蜂时,浮现出了这个念头。因为看到很多杀虫剂不仅消灭了虫害,同时也对蜂群、花朵和植物本身造成了伤害。我们在打理自己的种植园时,要谨记这一点。"

——

埃里克·克努岑,鲁特森坡网站

Erik Knutzen, Root Simple

虫子走开走开!

小虫们可能会给花园带来一场浩劫,不过也有方法让这些小生物继续存在但不对作物和土壤造成伤害。市面上售卖的化学杀虫剂是个糟糕的选择,尽管能成功消除虫害,但也会对土壤造成污染,在昆虫中传播疾病。以下六个注意事项,可以在不污染环境的前提下,帮助作物茁壮生长。

独创纯天然抗虫害方法

抗击螨虫、蚜虫或水蜡虫,可以在一夸脱水中加入一勺菜籽油和几滴天然皂液制成混合液。把混合液倒入喷壶中,摇晃均匀,对着被虫害侵蚀的植物从上至下喷洒,确保叶子底部和隐藏着虫子的地方都被喷到。还可以在自制喷雾中加入小苏打、胡椒甚至辣椒。

对抗真菌和霉菌,可以在一夸脱水中加入两勺小苏打。如果你对它们实在怀恨在心,也可以加入一些牛奶(牛奶中的蛋白质和阳光相互作用后有杀菌功效)。将混合物放在喷壶中充分摇匀,喷洒在已经生霉生菌的位置。每隔几天喷洒一次,直到作物周围的霉菌全部被消灭。(注意:即使是纯天然的抗虫害混合剂也要放置在远离幼童和宠物的位置。)

建立强壮的根基·········

确保你在健康、有机的土壤上使用天然护根物及肥料种植,这是培育强壮植物的第一步。之后要让花园保持干净清洁,定时除草、清理杂物,因为这些都可能吸引并滋养虫害。

分而治之········

观察植物的生长。及时拔掉长势较弱、可能会感染并传播疾病的植物,已经枯死和发黄的叶子及被虫蚀、发霉的也要去除。将它们直接放入垃圾箱,不要丢到花园中,以避免二次感染和病菌传播。

良草········

没有比海草更好的肥料了。能使植物茁壮生长的一切有益元素(锌、铁、钙、硫、镁等)都蕴含在海草中,它是你后花园里的魔法园丁。将海草覆在土壤上或使用液体海草帮助植物生

大自然的小帮手

花朵会引来蜜蜂和蝴蝶，它们能帮助花园的作物健康成长，远离虫害。在黄瓜周围种植一些金莲花就可使其远离瓢虫困扰。牛至和南瓜的结合则基本上可以保证花园作物免受大多数虫害的骚扰。在番茄周围种琉璃苣，可以防止虫子入侵，提升番茄果实的口感。（作为沙拉食材的一种，琉璃苣漂亮的叶子也可食用。）种植作物的同时可将花朵的种子一同播撒。确保时常浇水，太多或太少的水都会让花园濒临死亡。花园就像人生，讲求平衡。

长，预防疾病和虫害。没必要使用野生海草，直接在商店或网上订购用于施肥的海草即可。

轮换 ·········

轮种、混种不同植物，形成一个大杂烩。虫害一般不会侵犯种满各种作物、鲜花、香料的花园。每年改变种植品种、变换种植的位置，避免吸引相同的害虫再次侵蚀作物。

早鸟计划 ·········

早上浇水。中午日照最强时浇水的话，叶子上的水分会将其自身灼伤；湿润的叶子在晚上则容易发霉。一大早浇水是最合适不过的了，叶子既能吸收养分，还能保持干燥。确保水浇在土壤上而非叶子表面，过量的水分会吸引害虫和无益的菌类。如果花园面积较大，我们推荐你研究下各种滴灌方式。

工具整洁，无忧无虑 ·······

每次使用修剪工具后也要做好清洁工作，避免虫害和疾病从一株植物传播到另一株植物上。这项简单的工作能轻松免除你的后顾之忧。

保存种子

"如今我们丰收后便将完好的种子遗弃，只购买来源未知的种子进行下次播种。我们的祖先要是知道这一情况，会被气炸吧。逐渐养成收集保存种子的习惯不仅可以延续作物的种源，还能为新生作物的成长提供支持，让你在家就能收获健康、风味十足的果实。"

——

苏珊·莫瑞尔，作家、园丁

Susan Morrell, writer and gardener

把根留住

保存当季收获的种子可更好地控制下一季的种植，使人们充分参与到自然界最重要的生产过程之中。无须从商店中购买不知道来源的新种子。将番茄种子收集再利用，在下一季就能延续美好果实带来的快乐（一季比一季收获得更好）。同样的方法还适用于胡椒、牵牛花、豆类，甚至窗台上摆放的罗勒、薄荷等香草的种植。

收集作物种子有益于保护生物多样性。因为作物都是开放性授粉——昆虫、鸟类及自然风帮助授粉——从遗传学角度上来说，每一年播种和成长的过程都相对稳定。这样代代相传，自然地适应气候、与同环境中的昆虫共生，无须化学肥料催生便可以茁壮生长。虽然杂交种植可避免作物被虫害侵蚀，产出的作物也能挨过漫长的运输过程，并在商店货架上保鲜更长时间，但在杂交种植被广泛采用并逐步商业化前，开放性授粉的作物才是主流。

种子有各种各样的形式：树莓、坚果、豆荚，或引人注目的爆炸种子头。以下是一些自行收集的方法。

祖传之宝

如果去问热爱园艺的浪漫之人他最心爱的传家宝是什么，他定会将目光投向番茄。它们质地和口感的变化与细微差异似乎无穷无尽，名字又如梦似幻："白兰地酒""切罗基紫""萨巴特克花边"（一个据说像是女孩旋转起来的裙裾般的粉红色品种）。果实则呈现出撩人的形状和花哨的颜色，仿佛自毕加索的油画中走出。

这些可食用的宝石每一枚都被大自然赋予了特殊的使命：阿米什做番茄酱，天凉时吃基安蒂玫瑰，圣马尔扎诺怎么吃都行，可以做罐头也可以在花园中直接食用。有着奇特名字的番茄及其独特的风味将我们和我们的祖先联系在一起，从而将这一农业遗产代代传承。

收集、等待

如果不去管它们，等肉质饱满的果实自然落下，种子深入土壤中，春天一到自然便会再次生根发芽。收集种子就可仿照这个自然循环。关键是要在果实完全成熟后、自然落下前摘取并收集。

聪明的选择

从本季度长势最好的植株上收集种子，利用最好的基因为下一季做准备。确保种子都来自最醒目、最健康的果实。选择你觉得花开得最好或最多产的作物，在它们还处于生长巅峰时，在其茎上绑上一条丝带。这样到季末果实熟透、凋落后，你就能靠丝带辨识出哪些是需要收集的植株。

收集种子 ·······

一些农产品的种子，比如胡椒、番茄、甜瓜和南瓜，可在果实充分成熟、恰好可以食用时保存起来。只需将果实中的种子刨出来，用水洗净，在盘子或者烘焙板上分开摆放，晾干。（不要用纸，种子可能会黏在上面。）把种子放在凉爽干燥的地方，避免阳光直射并开窗通风。番茄种子比较特殊，为保证其能被继续种植还需进行发酵（在 howtosaveseeds.com 网站上能找到比较可靠的参考方法）。

其他农产品，如茄子、黄瓜、西葫芦，则必须在果实熟透、食用则有些老时收集。需要等到果实颜色变深，果肉饱满变软时（对于茄子来说，是即将变硬时）摘下，切开，将种子挖出、洗净、干燥，整个过程和前面所述基本一致。

绿叶菜和香草，比如香菜和罗勒，通常在开花前就采摘食用。为了保存种子，可以留一些不采摘，让它们开花、结子，以便下一季还能收获满满。

不提前摘下枯萎的花朵（虽然园丁工作中的一项便是摘除垂死花朵，使鲜花更好地盛放），让它们的花瓣自然凋落，变黄，变干。这样尽管花朵不再美丽，但它们留下的种子却如黄金一般。只需剪掉种子头，放在干净、干燥的手掌中，或用纸袋罩住种子头，剪断茎部，让种子落入纸袋里。轻轻摇晃纸袋，让种子散开，再放到小包里保存便可。

Save a Seed

安全存放 ·······

将收集好的种子放在信封中保存，标记出植物种类和保存时间，放在诸如玻璃罐子一类的密闭容器中。种子可保存一年之久，但随着时间的流逝，它再次发芽成熟的概率也会变小。

如需了解更多保存花朵、水果和蔬菜种子的方法，可以浏览种子采集者的交流网站（seedsavers.org）。

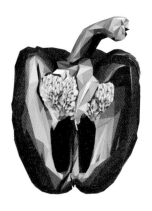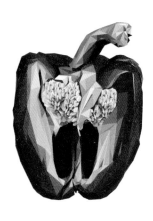

TOOL OF THE TRADE

-

Manila Hemp Seed Envelopes

马尼拉大麻籽信封

—

种子收集一半的快乐来源于新一季播种开始的时候——取出装着种子的信封，就像是小心翼翼地取出封存收藏起来的礼物一样。这款英国马尼拉大麻籽信封带有涂胶封口，封面上印有为重要细节信息（收集的时间、植物品种、种子类型）预留的空白栏，与朋友分享种子时便可根据信息摘要直接拿取。

制作喂鸟器

"我非常享受喂鸟这个消磨时间的愉快过程。鸟类的国度没有边界。从沙漠到丛林，它们在全球各种不同的气候和环境下生存繁衍。一些鸟类会从一处迁徙到另一处。观察周围环境中的鸟类便能感受到季节的变迁，并对这个世界充满感恩。"

——

雅各布·沙赫特，富兰克林动物园

Jacob Schachter, Franklin Park Zoo

建立"种子基金"

　　制作喂鸟器最简单的方法——在塑料可乐瓶子上穿几个洞，放入鸟食——和你在幼儿园艺术课上做的手工难度相当。不过下面这个喂鸟器，可以使用更长时间——看起来也没问题，多亏我们选择了如此结实的材料。

啄食

鸟食的选取决定了会吸引何种鸟类来觅食。葵花籽几乎是所有鸟类的挚爱——只要你不介意喂鸟器的周围满是啄食剩下的葵花籽皮（当然也可以用事先剥好的葵花籽做鸟食解决这个问题）。如果想吸引一些如乌鸦、松鸦和鹤等鸟类前来觅食，可加入玉米粒作为鸟食；喜鹊和鸽子偏爱蓟科植物的种子；大部分鸟类也都很喜欢散落的面包屑。看好喂鸟器，同时观察该区域鸟类的吃食偏好——不过要记得及时清扫残渣。鸟食放置时间过久，可能会发霉、滋生细菌，这将会对鸟类朋友造成伤害。

需要准备

- 4 英寸 ×6 英寸的木板（废木板也可以）
- 6 英寸×12 英寸的木板（废木板也可以）
- 6 颗螺丝钉
- 螺丝钩
- 粗铁丝
- 带盖子的细口玻璃牛奶瓶或果汁瓶
- 茶碟、小烤盘，或者其他浅口小容器
- 鸟食（种子）
- 锤子
- 手锯
- 电钻（平翼钻头）
- 重型订书机
- 木胶

Step 1

　　先取出小木板，用电钻在中心位置钻出直径约 1.5 英寸大小的洞。为搭出可以绑住喂鸟器的木框，将两片木板以垂直角度拼在一起，

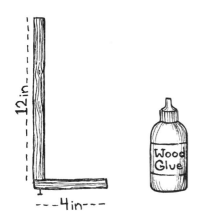

底部用两颗螺丝连接并固定住。如需加固，可以涂上木胶。

Step 2 · · · · · · · ·

将空瓶垂直倒立于底部木板，瓶口距底部木板高约1.5英寸（瓶口距底部木板的空间大小将决定鸟食倒入下方小容器的速度）。在大木板上用铅笔标记出瓶口开始变细处两侧的位置，再在瓶底下方几英寸处（靠近大木板上边缘）标记两个新位置。

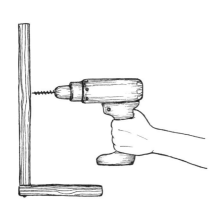

Step 3 · · · · · · · ·

以四个标记为参照，在木板上钻四个洞，洞的大小需足够粗铁丝穿进穿出。把螺丝钩钉在背板的顶部。

Step 4 · · · · · · · ·

在瓶子里装入鸟食，拧上瓶盖。倒置瓶身，按四个标记位置重新放回，用铁丝箍住瓶身固定在木板上，将铁丝穿出木板，用订书机把它钉在木板背面。如果有人帮忙，完成这个步骤会容易得多。

Step 5 · · · · · · · ·

把喂鸟器挂在容易看到的地方——远离宠

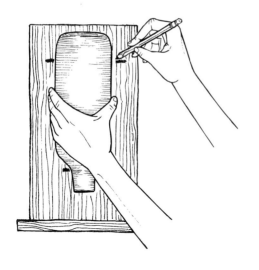

物和大型野生动物，它们可能会侵扰鸟类。选择好位置后，在瓶口下放置茶碟，拧开瓶盖（这个动作需用些技巧，因为现在茶碟和瓶口贴得非常近），这样鸟食就可以顺着瓶子倒出来了。

Build
a Birdfeeder

Step 6 · · · · · · · · ·

　　添加鸟食时，移开碟子，将木架倒置。用漏斗辅助加入适量的鸟食。拧上瓶盖，重新挂好喂鸟器。放回茶碟，拧开瓶盖，再次开始自助鸟食服务。

修枝

"虽然多数农活儿都很耗费体力且单调乏味,我却总是非常期待修枝。因为它需要人们专注、创造性地思考,以及做决断。当然,修枝需要技术,但也要靠直觉:观察这株植物,准确判断出下剪的位置。如果你状态良好,这会是一项能令人静下心来的非常愉快的工作。"

———

薇拉·法比安,农场经理

Vera Fabian, farm manager

修剪干净

为等待修剪的"病患"实施"手术"前，先要了解基本的植物科学知识。尤其需要注意的是，植物不同于人类，不具备免疫系统。当它们生病或受伤时，会在自身体内筑起一道"隔离墙"，或自动划分出正在枯萎坏死的部分。谨记每次修枝后都要对修剪工具进行消毒，不干净的剪刀会导致植物互相传染疾病。

以下是四种最基本的修剪植物的技巧，每种都会对植物的生长和外观产生不同影响。

时机就是一切

全年任何时间都可以修剪枯萎和生病的花朵或灌木，但最好避免秋天修剪，否则遇到突然降温的状况可能会直接导致脆弱的植物死掉。总体而言，冬末春初适合修剪果树，夏天适合修剪鲜花、长青植物及灌木等。

玫瑰通常要在换季的时候进行修剪，开花较早的连翘和丁香花等也是如此。假如植株是农作物，更需要注意把握修剪的时机，建议充分研究植物特性和其生长环境后再进行操作。

摘心法 ·········

摘心法是最简单的修剪方法之一，摘掉植物的顶芽，阻止主茎继续生长，鼓励侧芽生长，让植物更美观、更茂密。摘心法最适合一年生和多年生的花卉和蔬菜，这种方法也可以让低矮灌木保持均衡生长，整齐美观。

Prune

短截法 ·········

短截法是在离主茎较远的部位、侧芽的正上方进行修剪。这时侧芽通常已长出一片叶子，可以直接从其上方剪断。手持式修枝剪是最适合的工具。这种修枝方法能刺激新芽生长，同时令植物发育得更饱满茂密。短截法适合多年生植物和矮灌木丛等。

疏枝法 ·········

疏枝法需要用手持式修枝剪或长柄剪、截枝锯一类的工具进行些更大型的手术。此法正如名字所描述的那样：截除整条枝干，减小植物体积。大量剪掉侧枝，可去除多余枝条，使保留的枝叶能够更好地生长，同时保持美观。疏枝法需要从枝条根部进行剪除，以防止其再次长出。

修形法 ·········

修形法通常用于给绿篱和灌木丛造型，赋予这些植物时尚的外观。一些妙想天开的园艺项目多需采用此法。修形法能促进植物抽芽，你会发现剪过的植物比之前生长得更加迅速。此法既可整理枝茎也可修剪叶子，当你用这种方法修剪小型植物的叶子时，最好使用手持式小修枝剪，以便提高修剪的精度。大概没人希望理发师把自己的头发剪坏——植物也一样。

-

English Steel Garden Shears

英国钢剪

-

由柏贡宝（Burgon and Ball）生产的这款钢剪原是为手工剪羊毛设计发明，后经改良，用于修枝。它在英国谢菲尔德地区已有长达二百八十年的生产制造历史。锋利的刀刃、回火钢的材质及众所周知的双曲手柄设计，令它成为讲究细节的园丁的理想工具。它适用于短截、除草及整形等多种作业。

按季种植

"亲手种植和采摘充满了趣味。不过要在对的时间、对的土地上播种，才能感受到作物的勃勃生机。关注气候变化和季节更迭，并在把握土地耕种历史的基础上进行种植，你的花园才会枝繁叶茂。"

———

戈登·詹金斯，农民

Gordon Jenkins, farmer

阳光地带

何时种、种什么,通常是你室外菜园或是香草花园经营成败的关键。只需了解季节及太阳(或月亮)给我们的信息,即使是园艺菜鸟都能获得丰收。根据所处地理位置选择最好的播种时节,以下要素是你需要注意的。

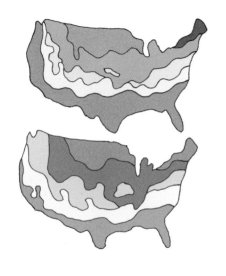

2·············

在大部分种植区,一般来说,90天为一株植物从播种到成熟的平均周期。也就是说,需要提前计划好,不要打乱生长周期,尽量避免种植生长极慢的植株。假如选择花期较晚的植物种植,需要提前准备,采取室内育种,或是通过加防寒罩(在植物的上方罩上玻璃罩保持其生长环境舒适)给予植物更多照拂和光源。防寒罩也能延长个别植物的生长周期。如果身处温热地带,就可以考虑种植生长周期较长的植物,或者更难培育的植物——如羽衣甘蓝、胡萝卜、较耐寒的绿叶菜和根菜——无须防寒罩的辅助,也能安全度过整个冬季。

1·············

掌握你所种植作物的耐寒区——一幅基于年平均最低气温的简单易懂的地图,就可帮你了解所在国家地区适宜种植的作物类别区划。如果身处美国,可查找美国农业部(USDA)官方的植物耐寒区地图。

3·············

了解所处种植区域并决定好种植的物种后,去花园观察并记录种植季节里每天的光照时长和覆盖面积。用笔标记下来。

以下是不同光照情况的种植参考:

· 如果花园光照充足——每天至少有 6 小时左右阳光直射，可选择种子包装上标明阳光需求比较大的物种种植。

· 如果花园每日阳光直射时间在 4~5 个小时左右，选择标记为"喜阳"的植物种植。

· 每天只有 2~4 个小时的太阳光？找找包装上写着"喜阴"的植物种植。

· 如果花园每天阳光直射不足 1 小时，就找点哥特风格的植物，比如青菜，它们最喜欢躲在阴影处，对着月亮欢呼。

Plant by Season

4．· · · · · · ·

了解了花园每天阳光直射时长后，确认植物的最佳播种季节及生长期。然后（终于！）开始种植吧！仔细观察花园，确定播种（或移植）位置，根据种子包装上的说明进行播撒，用笔记录下具体信息。如果你还是很纠结种植的类型及种植位置的话，这里有个小窍门：准备采收果实或根的，种在阳光充足的地带；准备采收叶的，种在半阴的地方就可以了。

TOOL OF THE TRADE

-

Steel-and-Ash Gardening Set

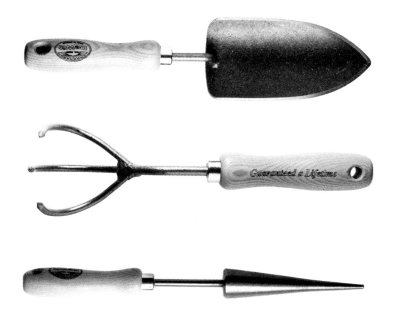

园艺套装

—

荷兰德威特（DeWit）公司生产制造，园艺必备的经典三件套工具组能让花园作业变得轻松容易。使用挖洞器、泥铲和除草钳，播种、挖坑、刨根都轻松便捷。坚固且外形时尚，用硼钢和白蜡木全手工打造，自 1893 年起，锻造这套工具的工艺便是德威特工匠忠实保守的商业秘密。

FIVE

Grooming

–

仪容篇

如何

–

保养牛仔裤

"牛仔裤的保养需反常规操作：越是喜欢牛仔裤，越不应该特意打理。所有粘在上面的油渍、糖渍和其他污垢都会让这条裤子在历经岁月后显得异常闪耀、独特。通过一条深靛蓝牛仔裤上的褶皱我们甚至能追寻到它形成背后的故事。牛仔裤需要反复不停地穿着，让其充分留下岁月的痕迹。"

——

卡特琳娜·克莱恩，牛仔裤设计师

Katrina Klein, denim designer

穿一辈子的牛仔裤

除非是牛仔裤铁粉，否则你在某个阶段还是会选择洗涤一下这条裤子。事实上，正确的清洗方式能更好地保护牛仔材质。如果是蓝色或者深靛蓝的牛仔裤，正常穿着 6 个月左右后可以进行第一次清洗。黑色的牛仔裤经过硫处理，颜色深入布料纹理，而靛蓝色只是附在布料表面，需要不断穿着及时间的沉淀，才能让颜色全面深入。如果穿着超过一年后仍不洗涤，牛仔裤胯部位置的布料会被磨得非常薄甚至被撕裂，附着在牛仔上的污渍也会渗入布料，导致布料的纤维越来越脆弱。

手洗牛仔裤时，记得要把裤子翻面，里面朝外再平放入浴缸中浸泡。在浸泡过程中，牛仔裤更容易产生新的褶皱。（有些靛蓝染料可能会将水染色，洗完后使用专门的清洁剂就能将附着在浴缸上的颜色清理干净。）

Care for Raw Denim

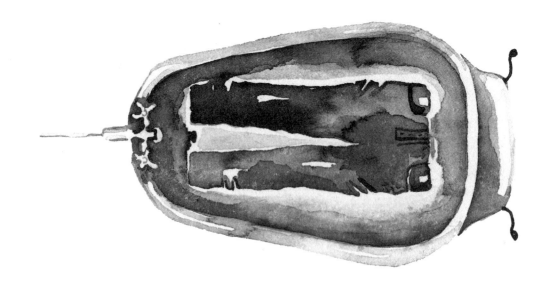

织边牛仔

在织布机上用长长的线，上上下下反复穿插编织而成的牛仔布非常耐磨，是极佳的布料。此种生产技术起源于 19 世纪中叶，那时美国作坊制作的牛仔裤每条要用 3 码左右的布料才能制作出质感颇好的成品。为将产量最大化，每块布料都被充分利用到其"自身的极致"（这也就是"织边"这一名称的由来[1]）。红色、黄色、棕色、白色或绿色的线会被缝入牛仔裤内缝中，每种颜色代表不同的牛仔布重量。

由于高昂的金钱和时间成本，到二十世纪五十年代，作坊中就不再生产织边牛仔裤。随着大型织布机的发明，产出的布用线更加稀疏，更容易撕裂、磨损和褪色，甚至靛蓝染色——经典而传统的牛仔颜色处理——都被更廉价的硫处理轧染所取代。

日本人感到这是一个商机，于是在二十世纪八十年代将很多美国作坊停用的旧机器引进国内。这些旧机器由铸铁和硬弹簧组成，无法大规模生产，产出的织边牛仔裤带着微妙的瑕疵感，但更具有无与伦比的美感。如今这样的机器产出的牛仔裤主要面向高端市场，并且是牛仔裤历史中无价的工艺品——当然，它也是美国文化的一个重要组成部分。

---

1   "自身的极致"原文为"self edge"，"织边"写作"selvedge"。——译注

Step 1 · · · · · · · ·

将牛仔裤铺在浴缸底部，放温水直到整条裤子浸没在其中。加入专门洗涤用品（我们仍在寻找更环保的方法），其化学成分可很好地保护牛仔裤的特殊颜色。

倒入一瓶盖左右的洗涤剂就够，无须太多。轻轻揉搓一下牛仔裤，静待其浸泡 45 分钟左右，不再向上浮起。

Step 2 · · · · · · · ·

排净浴缸中的水，再加入清水，牛仔裤仍然平铺在浴缸底部。用清水浸泡 1 分钟，取出，拧干。挂在通风的位置约一天左右，令其自然晾干。

在天气炎热的时候，可以不必再放清水冲洗，直接取出牛仔裤晾晒。注意晾晒时也需要将牛仔裤平整铺开，裤脚朝下，令其自然晾干，并避免阳光直射。

Step 3 · · · · · · · ·

牛仔裤晾干后，便会感觉像新的一样，穿起来也宛如刚买时那样。穿几天之后，它们才会变回原样。

你也可以通过一些摩擦加速其变旧过程——脱下后随意扔在沙发上、地板上，不出几日它们又会是那条质地柔软的旧牛仔裤了。

TOOL OF THE TRADE

-

Denim and Canvas Waterproofing Wax

专业防水蜡

—

水獭蜡是一位男士在家中厨房里偶然发明的，当时他正在寻找能使自己最好的衣物防水的可持续方法。多数防水物质都是用石油蒸馏物、炼油副产品或硅胶制成，因而油腻、气味难闻并且对环境有害。我们提供的商品则是从蜂蜡和植物油中提取物质混合加工制成的。这款纯天然的防水蜡能自然地保护帆布包、牛仔裤及其他你心爱的牛仔服饰。

巧叠口袋方巾

"口袋方巾已有很长的使用历史了。西装口袋中的一块小小方巾便能将善于穿搭的人和只是穿了好看西装的人区别开来。方巾能巧妙提升个人气质并且让穿搭不显单调。不同于用来擦手、擦鼻子的实用手帕，方巾是纯粹的装饰品。如今'时尚'的定义已经变得十分模糊，每个人都可以选择自己独特的穿搭风格，比如佩戴低调的斯沃琪手表也是表达自我的一种方式。"

——

杰伊·阿勒姆，科诺特里饰品

Jay Arem, the Knottery

如何叠方巾

关于方巾最早的记录是在古希腊的历史中，那时富人会佩戴洒着香水的方巾。现代欧洲贵族们佩戴方巾是为了伺候其敏感的鼻子，抑或是为了在身边女士有需要时随时奉上。如今，西装配方巾则是一种时尚。

时尚与方巾

口袋方巾价格适中且方便更换款式，使得许多时尚人士用它来尝试不同的造型或是形成一种标志性的风格。方巾需和领带颜色、质地搭配得当，但也不必完全一致。亚麻粗针的方巾搭配柔软顺滑的外套也能碰撞出不一样的火花。反之，一条厚羊绒质地的领带也可用轻柔丝绸质地的方巾予以平衡。出行时想要打造干净利落的造型，选择中性颜色的方巾一定不会出错，比如灰色、奶油色或传统经典的白色。以下是几种叠方巾的方法。

多角折叠 ·········

打造明快的线条是此种方法的特征，比较适用于棉质或亚麻质地的方巾，折角越多显得越正式。

一到两角是较得体的一般商务风，三到四角则意味着所出席的场合更为隆重。

一角

将方巾竖直方向对折，再横向对折成一块小方巾，然后对折成三角形。把底端两角向中心位置折叠，使方巾宽度刚刚好适合放入胸前口袋中。如果折法正确，你的方巾整体看起来会像一座三角形屋顶的小房子。

两角

重复一角的折法，将方巾竖直方向对折，再横向对折成一块小方巾。现在将方巾旋转45度呈菱形（钻石形状）摆放，让折叠边位于右下方。

把底角向上对折成三角形，但这次稍向左偏移约0.5英寸形成一个新角。再将底端两角向中心折叠，使宽度适合放入口袋。

三角

重复折出两角的步骤，然后将左下角向右上方折叠，形成第三个角。最后将右下角沿底边向左折叠。

四角方巾基本做法和此相似，只是在最后将右下角向左上方折叠形成最后一个角。

平面（竖直）折叠········

尽管其折法简单，但却给人低调、温文尔雅的感觉。将方巾折叠为与口袋相等的宽度，底部向上折叠后直接放入口袋，只留出一小部分在外（约0.5英寸）。

膨胀及反膨胀折叠法·········

两种折叠方式都让方巾看起来柔软舒适得像枕头一样，散发着丝绸般的光亮。膨胀折叠法注重手法，过程中需要非常专注，但呈现出的效果却慵懒而放松。首先平铺方巾，捏住中心位置提起，剩余部分自然下垂。握住下垂部分一半左右的位置，将剩余的边角对折整理使其恰好可以放入口袋。最后按自己的感觉做微调。反膨胀法和膨胀法的操作步骤一样，只是将原本插入口袋的部分翻出，使其看起来像花瓣一样。

Fold
a
Pocket
Square

缝扣子和扦裤边

"由于在市面上找不到既合身又让我喜欢的衣服，于是我开始尝试自己缝纫。缝制衣服的过程也像是一种冥想练习，其中有成功也有失败，需要你保持耐心和冷静。你可以从简单的技巧学起，练习修补、制作自己和家人的衣服。"

——

克里斯汀·卡纳琪，KK 小姐

Kristine Karnaky, Miss KK

穿针引线

掌握缝纫的基本知识后就能把衣橱中的衣服做一轮快速修补，例如将掉下的扣子重新缝好或给裤子扦边。不可否认，这些问题只有在你打算穿那件衣服时才会特别显眼，但那时已经来不及去裁缝店修补了。参考下面的指导，只需稳住双手、仔细认真，便可轻松完成紧急修补任务。

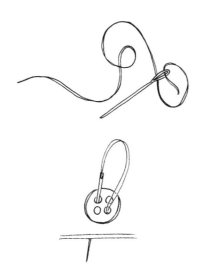

扣子········

穿针引线看起来似乎非常简单，但也需要全神贯注才能做到。剪两英尺左右和衣服颜色相同的细线，线和针眼呈锐角放置会比较容易穿进去。穿过后，在针眼两边留出相同长度的线，再在尾部打个结系住。最后再打一次结会有好运气。

找到需缝扣子的位置，将针线从衣服内侧向外穿出，直到尾部结卡住为止；穿进扣子紧贴衣服表面；调整好扣子位置，使针线反向穿进扣子，从衣服内侧拉出。之后重复这一步骤。如果扣子上面有四个眼，则需要观察衣服其他扣子缝制的方式，是平线还是交叉线，仿照其他扣子的穿线方式缝制。反复四次后，在衣服和扣子之间留出小小的空隙。

扣子固定住后，把针线从衣服内侧向外穿出，但不要穿过任何扣眼。在扣子和衣服间的空隙中把线绕六圈左右，缠绕紧实。再把针穿进衣服里侧，掐断线头，把剩余线头打结固定。衣服扣子就缝好啦！

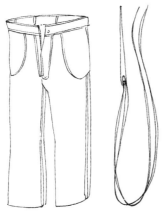

扦裤边·········

松散的裤边完全可以用针线快速挽救。扦裤边有许多方法供选择，不过我们建议用锁缝法，简单快捷易学会，缝好的裤边几乎看不到针脚痕迹。

在整个缝纫过程中，要保持较松的穿线形式，缝得太紧可能造成布料蜷缩或断线。和之前一样，剪两英尺左右和裤子颜色一致的线。

Sew a Button and Mend a Hem

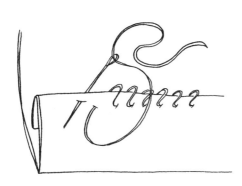

首先将要扦边的衣服——短裙、连衣裙或裤子——里面翻出来，在衣物的内侧进行缝纫。穿线的方式和之前叙述的一样，也在线尾打两个结。将准备扦边的裤脚竖直朝向自己，从距离扦边位置一英寸的地方穿线。沿着边缘从右向左运针，将针斜向左下插入边缘下方一点的位置，拽出一小部分线再回到边缘上方插入下一针。反复此步骤，注意穿线位置之间的间隔距离尽量保持一致。尽量使露出的针脚最小，这样裤子翻过来时就几乎察觉不出了。缝制完毕后，剪掉余线、打结，将衣服整理一下就可以穿出去炫耀自己"全新"的衣服啦。

TOOL OF THE TRADE

-

Oilskin Sewing Kit

油布缝纫套装

—

这套英国油布缝纫套装最初是为经常外出旅行的裁缝或做针线活的妇女设计的，所以又被称为"裁缝卷"或"女士包"。区别于其他用塑料盒装起来的缝纫工具，这套工具非常便于携带和存放。它可以卷起来，绑住固定，并且内含所有家用及出行所需的缝纫工具：缝纫针、大头针、量尺以及宽口剪刀。

熟练掌握剃须方法

"对我来说，一次好的剃须过程需要许多步骤，也要运用很多技巧。我经营剃须刀品牌，因此卫生间看起来就像剃须刀的实验室。让剃须水在脸上多敷一会儿（约2~3分钟），然后将脸上所有胡碴儿清理干净。这样做比用滑动式剃须刀要花更多时间，也需要你更细心，不过这也减小了对脸部的摩擦和刺激，以及刮伤的可能性。这是一位专业美容师教我的小窍门。"

——

杰夫·莱德，哈里剃须刀

Jeff Raider, Harry's

为脸部增光

鉴于剃须是每个男人每天清晨必做的事情，无论是使用全套装备精心打理"面子工程"还是用简易刮胡刀迅速解决任务，你都应该全身心享受这门简单的艺术，而不仅仅是例行公事。

剃须前洗澡 ·········

更好的选择是在洗澡过程中剃须，节省下来的 10 分钟就可以用来读报纸。也许你会感到惊讶，但剃须其实不必全程对着镜子，何况你已对此积累了多年的经验。洗澡会促使毛孔打开，软化毛发，最大程度减小刀片对脸部的刺激。另外，剃须的同时用手触摸脸颊，确保剃须刀把每一处都已清理干净。擦干之后再润色一下你的鬓角或者唇下胡。

顺势而为 ·········

每个人的毛发都有独特的生长方式，所以没必要照搬别人的方法，先花点时间仔细观察自己的脸。最简单的办法是让胡子先长几天，然后触摸干燥的脸部。这时胡碴儿比较粗糙，触摸过程中就比较容易找到阻力最小的路径下刀。

丢掉旧剃须刀 ·········

一旦发觉剃须刀变钝，最好直接扔掉。如

何知晓它不能再用了呢？仔细观察最近一次剃须：如果发觉刀片对皮肤的刺激变大，未清除的毛发变多，刀片就不再适合继续使用了。如果还在犹豫，就先买个新的。不好用的剃须刀可能会给你的脸部造成伤害，并且持续几周不会轻易缓解。旧剃须刀真不值得你留恋。

Master the At-Home Shave

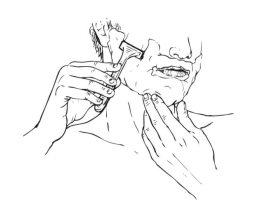

放慢速度

放缓动作可以避免刮伤。如果赶时间无法在沐浴时剃须，可选择用温水清洁、剃须。如果不小心划伤了皮肤，可以在温水热敷后使用止血笔处理伤口。这样可能会很疼，但总比你脸上贴着一小块还在渗血的卫生纸出现在办公室要强百倍。

泼水泼水

剃须后将温水泼在脸上，重复几次。水越温热，越有助于打开毛孔，软化毛囊。之后再用面巾蘸着凉水盖在脸上，辅助闭合毛孔，缓解剃须刀在脸上造成的灼热感。用毛巾擦干净脸，敷上须后水——最好是不含酒精成分的，不会让皮肤变得粗糙（含金缕梅成分的须后水可以帮助缩小毛孔）。

对着镜子仔细观察，然后为帅气的自己庆祝一下吧。

别省着

如果时间充足并且有耐心，你可以考虑入手一套完整的剃须产品。套装包含的小刷子可为脸部做按摩，让胡须状态适合打理。高质量的剃须专用皂能产生浓密的泡沫，使用过程中能让脸部始终保持舒适的感觉，同时起到保护皮肤的作用。

这样一来，每天的例行公事就变成了一个愉悦的过程。

-

Chrome-Plated Safety Razor

镀铬安全剃须刀

—

沉甸甸的手感使穆勒牌（Mühle）剃须刀区别于其他轻薄刀片及塑料材质的产品。小梳子形状的刀片让使用者能轻松转换剃须角度，这一安全周到的设计还可避免使用者划伤皮肤，并覆盖到一些很难触及的位置。不过这款产品也需要人们在使用时慢慢适应——皮肤需要适应刀片在脸上作用的感觉，不断提升剃须技巧。熟练使用穆勒剃须刀，能让每天清晨的剃须过程安全又令人放心。

打领带

"每个男人都应该学会如何打领带，因为你总会遇到必须打领带出席的场合。那时你将面临两难抉择，要么自己胡乱搞定，要么寻求帮助。千万不要沦落至此。至少应学会一种打领带的方法。假如实在学不会，就准备一件V领羊绒衫作为备选方案吧。"

——

凯瑟琳 & 麦克·麦克米伦，皮埃尔蓬西柯领带公司

Katherine and Mac McMillan, Pierrepont Hicks

为领带系个结

好的领带不仅是重要的配饰，而且能和它搭衬的西服一样，样式得体、经久不衰，稳坐流行宝座。除了装饰之外它并无特别功能——乐趣便也在于此。以下是两种经典的打领带方法。

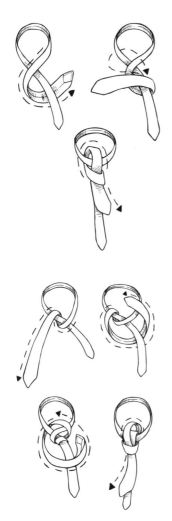

四手结 • • • • • • •

男人能用来打领带的所有方法——再加上每年他能搜集到的新鲜版本——其实都可总结为三个简单的动作：向上，向下，穿过。众所周知的四手结打法（此法最初在马车夫之间比较流行，他们也用这种方式给缰绳打结），属于标准打结法。假如希望结变得比较厚实，可以升级到双四手结打法（重复两遍左图动作即可）。

温莎结 • • • • • • •

如果想要更特别一点的结，可以试试温莎结。这是温莎公爵发明并广泛流传开的，这个系法无须使用厚重布料的领带，便可系出厚实的结。不过温莎结的弊端是会遮挡衣领，因此并非是越大的结越好。

左手握住领带宽的一端，右手握住较窄一端，让宽端比窄端末尾长出约 12 英寸。将宽端交叠在窄端上，把宽端向内侧翻折，从领口三角区域上方抽出，翻向右侧，绕过窄端后方，

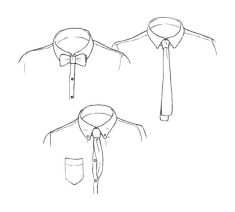

条纹领带

兵团或俱乐部条纹丝绸领带独特的颜色和纹路源自英国传统的寄宿男校制服。作为学校的一员，"老男孩"们会视校服领带为自己的名片。窘迫之时（如需要买点酒精饮料但却忘记带钱包），他们便会在房间内搜寻另一条熟悉的条纹领带，以求支援。兵团中的条纹纹路是从左到右，由心脏指向佩剑。而通常条纹领带（因其复杂密实的织布方式也被称为棱纹领带）的纹路是从右到左，以便区分。让人感到迷惑的是，美国的学校通常都要求学生打领带时纹路从右到左，而常青藤学校则沿袭英国学校的风格反方向系之。

经外侧绕左领环自内侧抽出。把宽端拉向右侧，镜子中看应该是里面朝外的状态。再将宽端经正面拉向左侧，自下而上通过领口区域，成环，最后从环中抽出。将领结紧至领口，完成。

给领带加点装饰·········

如果佩戴一条款式传统单调的领带，以下几种方法可以帮你增加一些特色：

1. 系好领带后，让窄带的一端（通常是系完后放在宽带的后面，且略短一些）略长于宽带露出。一些人故意这样做造成视觉混乱，且能呈现一种独有的霸气。

2. 尽管一提起领结，人们想到的会是极客们的随意装扮或大型晚宴礼服，但其实它有更实际的功能。比起领带，医生和加油站员工通常会选择使用领结：领结位置固定在领口，既不会来回摆动触碰到病人，也不会卷入转动的齿轮中。它提供了一种出人意料的日常生活穿着选择。

3. 无论是堆放木材还是在办公室整理文件，当你需要踏踏实实工作的时候，都要将领带移开以免碍事（可以把领带直接塞入衬衫第二和第三个扣子之间，放在衬衫里面）。想要更有范儿一些，可以让你的领带从衬衫、毛衣或外套中露出来一段形成弓状，就好像鹈鹕鸟的脖子一样。相形之下，平面的领带环瞬间就变得索然无趣。

整理衣橱

"收纳整理衣物的重点可总结为三个简单的词：干净，棉质，放弃。确保衣服清洁好后再放入衣橱，使用棉质衣罩或其他透气材料来收纳衣物，把那些褪色的、需要修补或出现虫蛀的衣服丢掉。但最终，这些小小的不完美之处却会为你的衣橱增添个性色彩。"

——

希拉里·贾斯汀，"幸福和淘气"成衣设计师

Hillary Justin, Bliss and Mischief

搞定衣橱

衣橱的尺寸大小及杂乱程度因人而异，不过以下几个基本注意事项可帮你完成收纳整理工作。

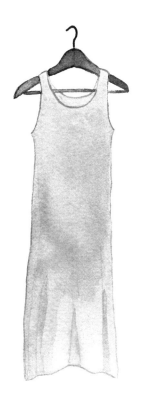

才留着？把这些"结了网"的旧衣物都清除掉吧！（假如你已经好长时间没碰过这些衣服了，没准它们真的结了网。）尝试用基本款衣物做简单搭配，剩下的都丢掉或捐给慈善机构。

悬挂陈列

从衣架开始全面翻新衣橱吧——把衣架根据形状、大小和材质进行分类。木制衣架比较稳固，衣架上附有小夹子的可用来挂裤子和短裙。而衣服则根据类型和颜色进行分组。这个方法不仅便于查找，而且能让你在工作日的清晨更快速地选择衣服。

各归各位

享受重新整理过的衣橱前，在衣橱还空着的时候先仔细观察一番。如何能最好地利用空间？真的需要隔板、衣物盒或放袜子的架子吗？确保收纳之后的衣服、配饰以及鞋子都在你能看到的位置。放在角落的衣服一定会被遗忘。如果不穿，就丢掉吧！

清除囤货

打开衣橱，做一次全面而诚实的评估：真的需要这条自 2002 年之后就再也没有穿过的牛仔裤吗？这件圣诞毛衣是不是仅仅因为恋旧

正确收纳衣物的方式

即使是空衣橱，在错误的收纳计划面前也毫无用处。重新放入衣物前，根据以下小提示来做，衣物可以更好更合理地被收纳。

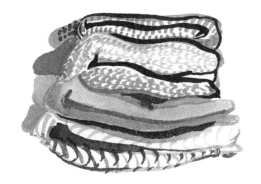

鞋 · · · · · · · ·

摆放鞋时按照右脚鞋尖朝外，左脚后跟朝外的原则摆放，这样就能清楚地辨识出这双鞋的样子和跟高是否与即将穿着的裤子匹配。鞋的整理方式可和衣服一样，按照颜色和款式（运动鞋、胶鞋、靴子等）摆放。

毛衣 · · · · · · · ·

松香散发的自然气味能够防虫——这个味

道比樟脑好闻多了。将雪松枝挂在衣架上或将雪松片置于毛衣和其他羊绒制品之间。确保所有的毛衣叠放整齐——千万不要悬挂毛衣，长此以往会使其变形。

裤子和裙子 · · · · · · · ·

把裤子和裙子架在有小夹子的衣架上，保持干净有型。

裙子可以从腰带处悬挂起来。裤腿较长的裤子可对折之后夹住挂起来，这样能防止裤子的布料磨损或造成无法抚平的折痕。

丢掉塑料制品 · · · · · · · ·

棉质和其他透气性的衣罩可保护一些昂贵材质的衣物，但如果选择用塑料罩则容易使衣物发霉或受虫蛀。如果衣物刚刚干洗过，取回家后要迅速将外面的塑料罩移除。干洗过程中附着在塑料罩上的化学制品也会对珍稀布料造成损伤。

–

Cedar-Wood Garment Hangers and Shoe Trees

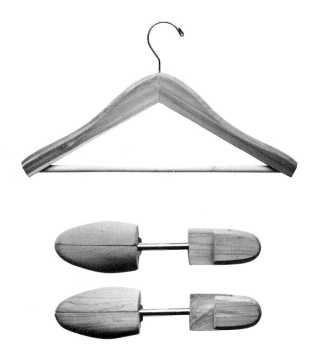

雪松木衣架、鞋楔

–

雪松自带的芳香可抵御虫蛀还能除臭。原木材料能吸附鞋中及衣物中的汗渍和湿气，使其能长期保存。衣架结实耐用，可悬挂非常沉的衣服。使用这些衣架也能以低廉的成本打造出一个雪松衣橱。鞋楔的脚尖和脚后跟位置经过特别处理，放入后不会使鞋变形。这两款产品都以东部红雪松的碎木制成，由新罕布什尔州的制造商生产制作。

打包旅行用品

"对于长途旅行，我的策略是：提前准备。旅行前用于打包和整理的时间越多，到达目的地后遇到的麻烦就会越少。最终，最为周全的准备意味着最大程度的放松。"

————

丽齐·加内特·梅特勒，"假小子"造型

Lizzie Garrett Mettler, Tomboy Style

手提行李

假如行李包非常小，合理划分使用空间便是关键。分层、三边都有拉锁的矩形工具包是你出行的可靠伴侣，能避免放置时包中物品被挤压变形。随身携带一些洗漱用品和衣物（以防万一行李丢失）：薰衣草精油，可以随时在太阳穴、耳根和脖子处轻拍几滴；牙刷和旅行装牙膏；换洗的内衣裤、一件 T 恤衫、舒适的棉袜以及一件柔软温暖的羊绒毛衣。

理想的随身行李包应有个带拉锁的封口，防止行李运送过程中散落。底部最好是稳固耐磨的材质，如上蜡的帆布或皮质材料，确保携带过程中不变形，也让旅行能变得轻松、安心。

旅行必备·······

以下是五种有型有款的必备之物，给各位先生女士参考。

切尔西靴：无论是黑色还是深褐色（或是更大胆的豹纹款）的切尔西靴都是四季皆宜的经典鞋款。其有弹性的靴筒设计让人可以不费力气地穿着，过海关安检时或者搭乘飞机、火车、汽车长途旅行时都能轻松穿脱。

白色或黑色的牛仔裤：全黑和全白的牛仔裤几乎可以搭配任何衣物，无论是纯棉 T 恤抑或碎花衬衫。不同于蓝色牛仔裤，即使遇到较正式的场合，它们也能派上用场，只需搭配简单的腰带，舒适漂亮的鞋子以及一件帅气的外衣即可。

条纹衬衫：白底蓝条纹的法式全棉海魂衫可以在许多场合穿着。在海滩可以搭配短裤，工作场合外搭一件运动外套，晚会上则佩戴简单的珠宝配饰即可。白蓝相间的条纹无须任何图案补充，所以你可以搭配些颜色亮丽的配饰。

防风衣：它本就是为旅行而设计的。外层的多个口袋能让你把所有杂物如电话、钥匙一类的日常用品装在身上，还能再带上旅行必备的地图、照相机等。（护照、钱包及其他贵重物品放在胸前的口袋中更安全一些。）传统防风衣是用经过处理的帆布制成，既有型又足够柔软，不穿的时候还能卷起来当枕头用。

围巾：围巾可作为任何穿着的外搭，根据季节不同，选择羊绒材料或是棉质材料的都非常适合。买一条较长的围巾，寒冷的夜晚多围几圈、打个结，让脖子更暖和；或者白天松散地围着，打造休闲造型。

Pack Smart for a Trip

TOOL OF THE TRADE

-

Canvas-and-Leather Weekend Bag

周末出游包

—

两天一夜的出行可能让人在打包行李时伤透脑筋。变幻莫测的天气和太多需要穿搭的场合，让人真恨不得将全部衣服都打包。不过这款周末出游包让你只能放入那些必备品。此包大小既能放在火车行李架上，也能置于汽车后备箱中。包身是帆布材质，底部用皮料包裹，外形类似医生的急救包（除他们之外，谁还有这种能随时提起就走的包？）。此外，这款产品内部为敞开式设计，拉开包时，一下子就能找到你的书和备用毛衣。

保养高档面料衣物

"朋友送我一条羊绒毛毯作为礼物，自此以后我就总是不自觉地被这类产品吸引，并开始收集它们。羊绒材质的商品既实用又百搭，摸起来手感极好，而且因为是手纺线，有各种厚度可选。真是集实用与奢华于一身的好东西。"

——

格雷格·蔡特，奢侈品品牌创始人

Greg Chait, the Elder Statesman

小心呵护

高档面料的衣物需要特别护理，最好用清水手洗。以下是护理丝绸、羊毛、羊绒及皮质面料的方法。

Care for Delicate Fabrics

丝绸 ·······

丝绸手感柔软丝滑，一直是市面上耐受性最好的天然面料之一。它比钢铁坚韧，比尼龙柔软。丝绸对碱性物质比较敏感，也就是说，尽量避免将丝绸和硼砂、洗涤碱、小苏打及碱性肥皂放在一起。

湿洗

1. 在水池中放入干净冷水。

2. 加一瓶盖中性的卡斯提尔皂液，它不会剥离丝绸中天然的油性物质。也可以使用高质量的洗发水。搅动冷水，令其起泡。

3. 在水中轻轻搓揉丝绸，不要用力拧或绞，以免把面料弄皱。持续约 3~5 分钟，然后用冷水洗净。

4. 假如丝绸上留有难以去除的污渍，加点白醋或柠檬汁。一勺柠檬汁或白醋和一勺水混合后涂在污渍表面，轻轻揉搓。最好在衣物边角处先用溶剂做色牢度测试，如果没问题再涂在需要清洗的位置。

5. 尽量轻柔地拧干衣物（再说一次，不要用力拧或绞），悬挂在带有软垫的衣架上或直接平放晾干。

羊毛 ·······

不像皮毛一体面料那样，羊毛自带一层保护外层，可以防止水的渗入。同时，这种材质本身还可以防止汗渍黏着，保持穿着者温暖、干燥。和丝绸一样，小苏打以及所有碱性肥皂对其伤害非常之大。

湿洗

1. 在水槽中放入温水，和室温一致即可，这样面料在洗涤过后不会缩水。

2. 加入一瓶盖洗涤剂，注意该洗涤剂的pH值不能超过7。或者最好选用专门用来洗羊毛制品的洗涤剂，也可以使用儿童用的中性天然洗发水。

3. 和洗丝绸一样，在清水中轻轻地搓揉羊毛，注意不要使劲拧弄皱面料。这样持续3~5分钟，然后用冷水洗净。

4. 去除顽固污渍，将一小勺柠檬汁或者白醋和一勺冷水混合后直接涂在污渍表面。轻轻搓揉。和之前一样，先在衣物边角处做一下色牢度测试，再使用混合溶剂。

5. 尽量轻柔地将衣服上的水拧干。你可以先将衣服平铺在毛巾上，小心将羊毛捋顺，调整好尺寸和形状之后再晾干。

6. 平放衣服，自然晾干（如果夹在衣架上很容易让衣物拉长变形）。如果可能，尽量在太阳下晒干。太阳光的紫外线可以令羊毛变得干爽、蓬松，去除异味，防止虫蛀。不过注意不要暴晒使得衣服褪色。

羊绒

羊绒是最柔软的山羊毛制品，是极致奢华的面料。

假如羊绒制品起球，不要着急。在清洗前，先用毛衣专用的磨石去除起球。还有一个简易方法是用小刷子顺着面料纹路将毛球刷掉。

湿洗

1. 在水池中放入温水，和室温一致即可。

2. 加入一瓶盖洗涤剂，最好是选用专门用于洗羊绒制品的洗涤剂或儿童用的中性天然洗发水。

3. 把羊绒衣物放入水中，在清水中轻轻搓揉，注意不要使劲拧弄皱面料。持续3~5分钟。洗完后，用冷水冲净。

4. 尽量轻柔地拧干衣物。

5. 平放自然晾干，远离暖气、避免阳光直晒，以防衣物褪色、缩水。

皮质面料

真皮通常具有弹性，结实耐用，且手感非常柔软。这种材质无须严格保养，一块棉布、一点温水以及一点中性洗涤剂就能去除大部分污渍。只需在上面轻轻画圈后擦净，直接晾干即可。

每隔半年，给真皮衣物上一层保养油，以防面料变脆，同时防潮、防水。最好使用天然物质护理皮衣。

牛蹄油

这种从牛蹄中提炼出来的油脂质地黏稠、

湿润，通常用于棒球手套和马鞍的护理。涂上后可使皮料具有丝滑的手感，时间久了皮料会变得柔软，带着暗黄色的年代质感。

水貂油

水貂油是最常见的皮料保护油，一般会被加工成乳霜或乳液。除了保湿和防护，水貂油还会给皮料添上一层淡红色，它与蜡混合后还能防水。

涂层

通常上油之后再上涂层，能帮助皮衣防尘、防潮。

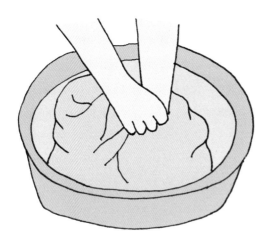

山羊皮

山羊皮通常用来制作女士手套，手感极为柔软。它比其他皮料需要更多呵护，其娇嫩的质地和表面的毛孔都使其更易吸收水分和灰尘。以下办法能让山羊皮衣物日久如新：

防水

可选用专为山羊皮而制的防水喷雾。假如皮衣、帽子或鞋湿了，不要加热干燥——使用吹风机或放在壁炉旁都会对皮料造成损伤，使其变得干皱脆弱。要远离热源或阳光，将衣物平放，自然晾干。

小刷子

如果山羊皮弄脏或起皱，可用柔软的猪鬃毛刷（旧牙刷也可以）将污迹刷掉，再上油使其恢复光泽。对于顽固的污渍，可以试试用"山羊皮擦"（网上或鞋店里都买得到）将其去除干净。用一般的橡皮擦也能达到类似的效果。

热蒸汽

为了使旧皮衣恢复华丽的纹理和质感，可用蒸汽清洁。将挂烫机或热水壶贴近衣服几秒，让蒸汽挥发一会儿，再用小刷子直接刷干净就可以了。

-

Pine-and-Cast-Iron Pulley Airer

滑轮晒衣架

—

将衣物悬挂在晒衣架上自然晾干不仅经济环保（节省天然气和电，以及相关开支），而且是晾晒高档面料衣物最好的方法。这款产品的设计灵感源于维多利亚时期传统的吊顶式晾衣架。它使用斯堪的纳维亚松木和铸铁，在英国生产制造，最多能晾晒17磅重的衣物。其独特的缆绳和双滑轮系统的设计让人们可以轻松升降衣架，是家中没有足够晒衣空间时的最佳选择。

制作肥皂

"制作肥皂的过程非常治愈人心，它需要一点点数学、一点点自然科学，以及你全部的创造力。每次我做肥皂都会全情投入。我想这就是我最终将其作为毕生事业的原因吧。我想做出无论从肉体上还是精神上都令人感到愉悦的物品。"

———

詹妮弗·奥尔登，"裸眼"美容用品店
Jennifer Alden, Naked Eye Beauty

关于碱的真相

几乎所有肥皂成分中都含有氢氧化钠，也就是常说的碱。碱和脂肪、油发生反应，产生一种化合物，变质后成为肥皂的原材料之一。假如操作不当，碱会腐蚀皮肤并对身体健康产生影响。以下描述的肥皂制作过程使用的是更安全的方法，不含碱，用提前调制好的甘油做基底。这种甘油在大多数有机食品店就可以买到。

Make Soap

混合调制 •••••••••

以下制作方法是最简单的，同时还能自由搭配颜色和香味。使用精油时，可以将多种精油混合在一起：玫瑰和百合搭配的气味柔和芬芳；薰衣草、洋甘菊和茶树油的混合物有疗愈和抗菌效果；薄荷、迷迭香加桉树精油则可以提神醒脑。

需要准备 ·······

· 1 磅天然甘油块

· 精油（添加的精油越多，制出的肥皂就越香。）

· 香料

· 搅拌棒（最好为不锈钢材质）

· 锋利的刀

· 双层蒸锅

· 模具（可以选择传统的肥皂形状模具，或杯子蛋糕、玛芬蛋糕模具。）

肥皂泡

历史学家认为肥皂这个词源于萨博山（Mount Sapo）上的古罗马神庙[1]，那里是人们宰杀动物的祭天之地。被宰杀的动物脂肪顺着山路流到山脚下的蒂博河（Tiber River）中，与焚火的灰烬混合形成一种新物质。在河边洗衣物的妇女发现，用它清洗衣服非常顺手。而在更古老的时代，人类已在使用类似肥皂的物质。古巴比伦人将脂肪和酸性物质煮沸后清洗头发，古高卢人用相似物质混合后染头发。事实上，早期肥皂类制品多被用于润发和造型。欧洲"黑暗时代"禁止人们梳妆打扮，直到很久以后各种形式的肥皂类产品才再次被推出——多数是用动植物脂肪与火灰和钠元素物质混合制成。

1　有观点认为这一肥皂起源的说法系谣传，实际上确无证据证明该地点真实存在。——译注

Step 1 ·······

将甘油块切成边长 1 英寸左右的小块放在蒸锅的上面一层。

Step 2 ·······

微火熔化甘油块，同时轻轻搅拌。一边搅拌一边进行下述步骤，保持动作平稳。否则液体会起泡，制出的肥皂中会有气泡。

Step 3 ·······

加入混合好的精油。一次一滴，直到你感觉气味满意为止。

也可加入新鲜或干燥的香料提升香气和视觉效果。还可以加一些天然提取物，如燕麦或咖啡渣。

Step 4 ·······

小心将混合物倒入模具中，静置冷却两小时左右。

Step 5 ·······

移除肥皂模具。把制好的肥皂用薄绵纸包起来，放在阴凉干燥的地方储藏，使用时再取出。也可以作为礼物送给他人。

Contributors

—

鸣谢

专家‧‧‧‧‧‧‧‧‧‧‧‧‧‧‧‧‧‧‧‧‧‧‧‧
‧‧‧‧‧‧‧‧‧‧‧‧‧‧‧‧‧‧‧‧‧‧‧‧‧‧‧
‧‧‧‧‧‧‧‧‧‧‧‧‧‧‧‧‧‧‧

迈克尔·鲁尔曼（Michael Ruhlman）

作家，作品超过二十部，其中包括获得 2012 年詹姆斯·比尔德美食大奖（James Beard Foundation Award）的《鲁尔曼的 20 个秘诀：20 个烹饪技巧，100 道美食菜谱，一名大厨的宣言》(Ruhlman's Twenty: 20 Techniques, 100 Recipes, a Chef's Manifesto)。

克里斯·谢尔曼（Chris Sherman）

经营克里克岛生蚝公司（Island Creek Oysters），其总部设在马萨诸塞州达克斯伯里，旗下业务涵盖生蚝养殖场、生蚝批发和零售等。其生产销售的生蚝在世界知名餐厅及名厨中拥有众多拥趸，其中包括托马斯·凯勒（Thomas Keller）拥有的两家米其林三星餐厅，位于纳帕的"法国洗衣房"（French Laundry）以及位于纽约的"本质"餐厅（Per Se）。

贝姬·苏·爱泼斯坦（Becky Sue Epstein）

在葡萄酒、烈酒、美食及旅行方面屡获殊荣的作家、记者及顾问。她撰写了五本书，其中包括《香槟：一部世界史》(Champagne:A Global History)及《白兰地：一部世界史》(Brandy: A Global History)。

索菲亚·罗斯（Sophia Rose）

理疗师、香料专家，阿贝哈香料商店（La Abeja Herbs）创始人。她开设关于植物医药、传统食材的课程，同时手工制作一系列草药药剂，提供相关活动的咨询。

泰勒·马蒂斯·卡茨（Taylor Mardis Katz）

诗人、农民，现居佛蒙特州中心地区，与伴侣创建并经营弗里沃斯香料种植农场（Free Verse Farm）。主要种植烹饪用香草、草药茶及草本药物的原料。

http：可在 panacheperhaps.com 网站查询她的相关信息。

汤姆·麦兰（Tom Mylan）

创建了位于布鲁克林的"挂肉钩"肉食店，并著有美食书《挂肉钩，一本关于肉的书》(The Meat Hook Meat Book)。他目前正着迷于真菌学及清洁生活等相关领域的知识。

德里克·施耐德（Derrick Schneider）

自由作家、计算机程序员，目前居住于加州美食的故乡伯克利。他撰写并发表关于食物与美酒（以及计算机！）的文章。

兰斯·施诺伦伯格（Lance Schnorenberg）

咖啡师、烘焙师、顾问，从业时间超过十年。自 2014 年开始经营阁楼咖啡店，业余时间制作尤克里里和吉他等乐器。

布兰登·戴维（Brandon Davey）

调酒师、艺术家，目前居住于纽约布鲁克林。他搬来纽约是为了进修雕塑方面的硕士课程。在此期间他对服务业产生了浓厚兴趣。2015 年布兰登开了一家名为托帕兹（Topaz）的酒吧，专门提供创意鸡尾酒和零食拼盘。

乔迪·威廉姆斯（Jody Williams）

厨师，在纽约和巴黎经营有两家布韦特·加斯特罗迪克餐厅（Buvette Gastrothèque），目前居住在纽约。她还与人合伙开设了卡洛塔西部乡村餐厅（West Village Restaurant Via Carota）。著有烹饪书《布韦特：好食物带来的享受》(Buvette: The Pleasure of Good Food)，2014 年出版发行。

凯莉·吉尔里（Kelly Geary）

著有书籍《酸与甜：现代厨房必备的 101 道腌制菜谱》(Tart and Sweet:101 Canning and Pickling Recipes for the Modern Kitchen)。她在纽约布鲁克林注册了一家服务全国的甜蜜送餐公司（Sweet Deliverance）。闲暇时她编辑美食杂志、自制木勺、听摇滚乐，并梦想在乡间拥有一幢自己的独栋住宅。

卡丝·多本斯佩克（Cass Daubenspeck）

居住于纽约布鲁克林，平时喜欢喝利莱酒配芝士。

基思·霍布斯（Keith Hobbs）

就职于爱达荷州州立公园运营及管理部门。早年间他主要的工作就是为前来公园游玩的客人提供生篝火服务，如今他已致力于推广户外活动超过二十四年。

戴岩 · 阿姆斯特朗（Dayyan Armstrong）

船长、旅游公司创始人。他在纽约经营旅游公司，组织包船航海冒险项目，在世界的二十多个地区均拥有自己的船只。

http：更多信息可查询网站 sailingcollective.com。

托马斯 · 卡拉翰（Thomas Callahan）

野马自行车店（Horse Cycles）创始人。这家定制自行车商店总部位于布鲁克林的威廉斯堡，提供全手工组装的赛车、城市越野自行车等等。店中还常驻一名猫咪店长——查尔斯。

特里斯坦 · 古利（Tristan Gooley）

作家、领航员。2008 年创建了自己的自然导航学校，同时他也是两本相关图书的作者。

http：可在 naturalnavigator.com 上查询更多他的信息。

阿曼达 · 韦伯（Amanda Weber）

在艾佛森雪鞋店（Iverson Snowshoes）任办公室经理已超过四年。拥有二十多双雪鞋。闲暇时间喜欢与儿子多米尼克（Dominick）一起度过。

罗布 · 戈尔斯基（Rob Gorski）

硕士，在纽约拥有紧急救护员执照。同时也是"兔岛"（Rabbit Island）的联合创始人。这是一处位于苏必利尔湖中 91 亩大岛屿上的艺术家栖息地。

汉克 · 肖（Hank Shaw）

经营 honest-food.net 网站，曾被提名詹姆斯 · 比尔德最佳个人美食博客奖。著有《狩猎、采集、烹饪：寻找被遗忘的盛宴》（*Hunt, Gather, Cook: Finding the Forgotten Feast*）以及《鸭与鹅：野生及家养水禽的终极烹饪指南》（*Duck, Duck, Goose: The Ultimate Guide to Cooking Waterfowl, Both Wild and Domesticated*）。

克里斯 · 伯卡德（Chris Burkard）

自学成才的户外摄影师，作品涵盖户外运动、生活方式及旅行等主题。目前与妻子和两个儿子居住在加州中部地区。

http：其更多作品请查询 chrisburkard.com 网站。

米基 · 梅尔基恩多（Mickey Melchiondo）

人们更熟悉他的艺名迪恩·维恩（Dean Ween）。渔夫、吉他手，曾是维恩摇滚乐队（Ween）成员，目前在米基向导垂钓培训公司（Mickey's Guide Service）经营相关业务，并参与乐队演出。

http：更多信息请前往 mickeysfishing.com 查询。

杰德 · 马休（Jed Maheu）

音乐人、演员、厨师。Zig Zags 乐队成员之一，同时在洛杉矶许多知名餐厅任职。业余时间学习掌握了熏烤肉类的技能。

马克 · 科勒（Mac Kohler）

纽约人，业余时间在家烹饪，同时经营布鲁克林铜制厨具商店（Brooklyn Copper Cookware）。不必考虑晚餐内容时，他会参与妻子的音乐作品制作，支持先锋艺术作品。

萨瑞斯 · 麻友（Cerise Mayo）

果壳计划（Nutshell Projects）创始人，项目主要服务小型农场并提供食品咨询。

http：详情请查询 nutshellprojects.com。

林赛 · 库尔特（Lindsay Coulter）

主修动物学，热爱自然。十年前加入大卫 · 铃木（David Suzuki）基金会，在旗下绿色女王（Queen of Green）基金项目中领导团队，推广家庭和社区的生活改善，鼓励人们过轻食生活，选择绿色食品。

斯蒂芬妮 · 巴特朗（Stephanie Bartron）

洛杉矶景观设计师，专业景观设计师协会（APLD）成员。2000 年成为 SB 花园设计大奖负责人。她擅长设计当代城市景观花园，作品不但环保、外形美观，且蕴含丰富的生态功能。2012 年她参与创作了洛杉矶县的《耐旱花园》（*The Drought Tolerant Garden*）图书。

肖恩·华莱士（Shaun Wallace）

木匠、建筑工人。曾在许多美国零售公司任职，积累了多年视觉推广工作的经验，后创立格非物设计建筑公司（Gopherwood Design/Build），目前专注于艺术设计工作。

http：查阅更多信息请访问 gopherwooddesignbuild.com。

丽萨·普利茨施塔普（Lisa Przystup）

花艺师、作家，目前居住在纽约布鲁克林。她是名专业花艺师，并且还给不同类型音乐谱曲。

http：更多作品可在 jamessdaughterflowers.com 上找到。

艾米·乔·迪亚兹（Amy Jo Diaz）

艺术家、插画家、产品设计师。

http：可在 iloveamyjo.com 上找到她的作品。

温蒂·波利士（Wendy Polish）

在各个媒介领域有超过十年的设计工作经验。使用其父于二十世纪六十年代发明研制出的水下蜡进行了多年投产试验后，温蒂在 2011 年与人共同创立了水之火（le Feu de l'Eau）精品蜡烛公司。

凯茜·迪兹尔兰加（Casey Dzierlenga）

木匠，过去五年致力于设计先锋艺术品。

http：更多信息可访问 dzierlenga.com 网站。

梅琳达·乔伊·米勒（Melinda Joy Miller）

作家、花匠、药剂师、风水师、香巴拉学院（Shambhalla Institute）创始人。

http：更多学院信息可查询 shambhallainstitute.com。

劳里·克朗茨（Lauri Kranz）

在洛杉矶创立艾迪宝花园（Edible Gardens），为家庭、餐厅、学校、博物馆和所有热爱亲手种植的人提供服务，帮助他们建立、种植并维持有机生态蔬菜花园。

http：更多她的信息可在 ediblegardensla.com 上找到。

莉兹·索尔姆斯（Liz Solms）

管理总部位于牙买加的香蕉树顾问公司（Banana Tree Consulting），主要业务为辅助酒店、小型农场和私人别墅建立有机花园，并联系当地农业系统。

http：详情请访问 bananatreeconsulting.com。

埃里克·克努岑（Erik Knutzen）

经营鲁特森坡网站（rootsimple.com），参与撰写《城市田园：在城市的中心实现自给自足的生活指南》（The Urban Homestead: Your Guide to Self-Sufficient Living in the Heart of the City）以及《实现它：后消费世界的家庭经济学》（Making It: Radical Home Ec for a Post-Consumer World）等书籍。此外，他还与马克·斯坦博勒（Mark Stambler）及特丽莎·西兹（Teresa Sitz）共同创立了一家位于洛杉矶的面包房。

苏珊·莫瑞尔（Susan Morrell）

记者、作家，目前居住于爱尔兰都柏林吉尼斯啤酒厂（Guinness brewery）附近。平时收集种子之余，还撰写关于旅行、美食和永续生活主题的文章。

雅各布·沙赫特（Jacob Schachter）

波士顿富兰克林动物园（Franklin Park Zoo）饲养员。热爱所有动物，尤其喜欢鸟类。

薇拉·法比安（Vera Fabian）

在北卡罗来纳州查珀尔希尔镇供职于社区农场，担任助理经理。

戈登·詹金斯（Gordon Jenkins）

北卡罗来纳州锡达格罗夫市枫叶春天花园（Maple Spring Gardens）的农民。

卡特琳娜·克莱恩（Katrina Klein）

居住在纽约布鲁克林，十年前初涉设计行业、供职于 J Brand 品牌。现在为众多高端品牌设计牛仔裤。

杰伊·阿勒姆（Jay Arem）

居住在纽约布鲁克林的男装设计师。平时无须为找停车位伤脑筋时，经营科诺特里配饰品牌（the Knottery）。
http :更多信息可查询 knottery.com 网站。

克里斯汀·卡纳琪（Kristine Karnaky）
更多人称她为 KK 小姐，常年居住在洛杉矶的设计师、戏剧服装制作人、裁缝。
http :在 misskk.com 可了解其更多信息。

杰夫·莱德（Jeff Raider）
哈里剃须刀（Harry's）联合创始人、联合首席运营官，该品牌主要提供高品质、价格合理的男士个人用品。他致力于创造能提高人们日常生活水平并造福和影响更多社区的品牌与服务。

凯瑟琳 & 麦克·麦克米伦（Katherine and Mac McMillan）
经营总部位于纽约布鲁克林的皮埃尔蓬西柯领带公司（Pierrepont Hicks）和面向美国国内市场的诺森格里德品牌（Northern Grade）。

希拉里·贾斯汀（Hillary Justin）
与人共同创立古董服饰品牌"原生态"（Just Say Native）前，她曾做过十余年服装设计师。2014 年她启动了新的产品线，取名"幸福和淘气"（Bliss and Mischief）。
http :品牌信息可查询网站 blissandmischief.com。

丽齐·加内特·梅特勒（Lizzie Garrett Mettler）
目前居住于洛杉矶的自由作家。创立"假小子"造型博客（Tomboy Style），保持日常内容更新之余，还编辑出版了同名书籍。业余时间喜欢去格里菲斯公园远足。

格雷格·蔡特（Greg Chait）
2007 年在洛杉矶创立倡导奢华生活方式的品牌"元老"（Elder Statesman）。创立之初主要设计制作一系列定制毛毯，目前已开发售卖更多产品。
http :更多信息请参考 elder-statesman.com。

詹妮弗·奥尔登（Jennifer Alden）

"裸眼"美容用品店（Naked Eye Beauty）创始人、化妆师、造型师。其商品原料全部采购自拥有公平贸易证书和美国零售业有机产品认证的供货商，其私人有机花园也以此为原则建立。
http :更多信息请参考 nakedeyebeauty.com。

特约作家······································
··
··

杰茜·科瓦克（Jessie Kwak）
自由作家，目前居住在俄勒冈州波特兰市。热爱撰写美好生活主题的内容:旅行，户外探险，美食美酒，当然还有自行车骑行。
http :她的作品可在 jessiekwak.com 网站上找到。

约翰·皮博迪（John Peabody）
作家、摄影家，在"手与眼"（The Hand & Eye）网站上撰写博客。业余时间喜欢去东北部看海。

詹姆斯·福克斯（James Fox）
长年往返奔波于佛蒙特州南部及苏格兰边境地区之间，受英美文化背景共同影响。现与一些艺术家和知名品牌电子杂志合作。

詹妮弗·S. 李（Jennifer S. Li）
活跃在洛杉矶的艺术作家、策展人。不在博物馆或画廊时，她喜欢在家写作或是去加州的野外露营。
http :更多信息可查询 jenli.me。

托马斯·福利希罗恩（Thomas Fricilone）
作家，居住在纽约布鲁克林。潮流引领者，平常喜欢戴帽子出门。热爱咖啡、美国文学和流浪生活。

艾玛·西格尔（Emma Segal）
设计师、插画师、产品顾问、健康生活倡导者、作家以及普拉提和瑜伽导师，集众多身份于一身，同时对永续生活及健康议题有着相当的热情，充分运用并体现在生活、工作中。

http：更多信息可参考 emmapatricia.com。

杰里德·古丁（Jerid Gooding）

纽约传奇艺术家罗恩·格彻夫（Ron Gorchov）的商业合作人及经纪人。参与策划世界知名艺术展之余，杰里德喜欢在纽约布鲁克林社区附近骑行。同时他也是位自行车收藏家，在全国范围内收集赛车、越野车、登山车等各类自行车，并在自行车店担任过多年机械师。

http：更多信息可参考 jeridgooding.com。

德鲁·哈芬（Drew Huffine）

酿酒师、作家，目前居住在加州奥克兰。他和妻子共同为自创的红酒品牌酿酒、品酒。成为酿酒师之前，他在洛杉矶教授英语。

乔瓦娜·马塞利（Giovanna Maselli）

从事创意文学创作，目前居住在纽约。她是本地出版社"洛克威夏天"（Rockaway Summer）的共同创始人，意大利版《时尚》杂志（Vogue）的特约供稿人。她的作品常常发表在《世界时装之苑》（Elle）和《卫报》（Guardian）等众多报刊上。

索菲·怀斯（Sophie Wise）

成长于纽约的时尚作家、造型师，坚信布鲁克林的"狐狸和小鹿"古董店（Fox and Fawn）有全世界最好的古董牛仔裤，而大道烘焙店（Grand Street Bakery）有最好的面包。热爱烹饪和洛克威海滩。

英格兰地区的文化和生活方式。

http：更多她的作品可在 christinemitchelladams.com 找到。

泰·威廉姆斯（Ty Williams）

多媒体艺术家，人生一半的时间都在寻找拥有完美夏天的地方。不去冲浪时，他喜欢品味异域风情的美食、整理自己的世界音乐目录。

海莉·罗伯兹（Halley Roberts）

艺术总监、摄影家、早餐制作爱好者，目前居住在旧金山。除了沿着西海岸搜寻蘑菇外，海莉还喜欢园艺劳动，制作家庭草本药物，以及深呼吸。

http：更多她的作品可参见网站 halleyroberts.com。

露西·英格尔曼（Lucy Engelman）

她是位传统意义上的插画家。她曾与《好胃口》（Bon Appetit）和《幸运桃子》（Lucky Peach）等世界知名独立杂志合作，并曾任《共同体季刊》（Collective Quarterly）杂志的插画师。生长于芝加哥，后搬去有海岸和森林的密歇根生活。她对工作室外面的世界极为感兴趣，并且喜欢在树林中工作。

斯蒂芬·克内克特（Stefan Knecht）

美术设计师、插画师、木工爱好者，目前居住在纽约布鲁克林。喜欢滑板运动和户外涂鸦。

http：他的作品可在 stefanknecht.com 上找到。

编辑···
··
····································

插画作者···
··
··········

克里斯汀·米切尔·亚当斯（Christine Mitchell Adams）

居住在佛蒙特州伯灵顿市的插画家。作品风格和灵感多源于新

亚历山德拉·雷德格雷夫（Alexandra Redgrave）

来自加拿大新斯科舍省的作家、编辑。在加入考夫曼公司担任编辑主任前，曾任屡获大奖的旅行杂志《在路上》（enRoute）的副总编，后在纽约作家协会与来自《哈泼斯》（Harper's）、

《纽约客》(*New Yorker*)等知名杂志的编辑共事。闲暇之余，亚历山德拉非常喜欢去东南亚做背包客，或是开着 37 英尺长的灰绿色商旅车穿越美国，或者乘坐贯穿西伯利亚地区的火车跨越七个时区。

杰西卡·亨得利（Jessica Hundley）
居住在洛杉矶的记者、作家及电影制作人。她的作品经常发表于《GQ》《意大利男士潮流》(*L' Uomo Vogue*)《卫报》《纽约时报》(*New York Times*)，"沙龙"网络杂志(*Salon.com*)等知名媒体上。她执导过多部纪录片、音乐录影带及广告，并参与撰写和编辑了七本著作，包括《丹尼斯·霍珀：1961~1967 摄影作品》(*Dennis Hopper:Photographs 1961~1967*)，《折翼天使：格兰·帕尔森斯生平传记》(*Grievous Angel: An Intimate Biography of Gram Parsons*)等。目前她致力于将后者制作为长篇动画电影搬上银幕，并正参与此项目的编剧工作。**http**:更多信息请查询 *jessicahundley.com*。

文中涉及单位换算······································
···
···

1 磅 ≈ 450 克	100 华氏度 ≈ 38 摄氏度
1 盎司 ≈ 28 克	
1 夸脱 ≈ 946 毫升	1 茶匙（液体）≈ 6 毫克
1 加仑 ≈ 4 升	1 茶匙（固体粉末）≈ 5 克
	1 勺（液体）≈ 15 毫克
1 英寸 =2.54 厘米	1 勺（固体粉末）≈ 15 克
1 英尺 =30.48 厘米	1 杯（液体）≈ 240 毫升
1 码 =91.44 厘米	1 杯（小颗粒固体粉末）≈ 220 克
1 英里 ≈ 1.6 千米	1 杯（大颗粒固体）≈ 90 克